Stéphane Etrillard

Work
for
Pay
for
Work

Eine Anleitung zur profitablen
Selbstvermarktung für Freiberufler,
Selbstständige und Unternehmer

BusinessVillage

Stéphane Etrillard
Work for Pay – Pay for Work
Eine Anleitung zur profitablen Selbstvermarktung
für Freiberufler, Selbstständige und Unternehmer
1. Auflage 2017
© BusinessVillage GmbH, Göttingen

Bestellnummern
ISBN 978-3-86980-353-1 (Druckausgabe)
ISBN 978-3-86980-354-8 (E-Book, PDF)

Direktbezug www.BusinessVillage.de/bl/1003

Bezugs- und Verlagsanschrift
BusinessVillage GmbH
Reinhäuser Landstraße 22
37083 Göttingen
Telefon: +49 (0)551 2099-100
Fax: +49 (0)551 2099-105
E-Mail: info@businessvillage.de
Web: www.businessvillage.de

Layout und Satz
Sabine Kempke

Autorenfoto
Sylke Gall | Berlin – Köln | www.sylkegall.com

Druck und Bindung
www.booksfactory.de

Inhaltsverzeichnis

Über den Autor

»Der Mann, der coacht, ohne es zu wollen, weil er nicht anders kann.«

Sylke Gall

Stéphane Etrillard ist internationaler Keynote Speaker und zählt zu den meistgefragten Business Coaches und besthonorierten Top-Wirtschaftstrainern im deutschsprachigen Raum. Der mehrsprachige Vortragsredner gilt als führender europäischer Experte für persönliche Souveränität und Unternehmer-Souveränität. Stéphane Etrillard, Kosmopolit französischen Ursprungs, lebt in der Kulturmetropole Berlin. In seiner Freizeit beschäftigt er sich leidenschaftlich mit Philosophie, Literatur und Klaviermusik und lernt mit großer Begeisterung das Klavierspielen. Sein einzigartiges Know-how ist während über zwanzig Jahren in der Beobachtung und Begleitung von mehreren Tausend Unternehmern, Führungs- und Nachwuchskräften aus unterschiedlichsten Branchen entstanden. Zudem wurde er als Ausnahmepersönlichkeit unter die Top 100 Speaker aufgenommen. Mit seinen Privatissima und Masterclasses im Bereich Rhetorik, Dialektik und

Selbstvermarktung verhilft er seinen Kunden zu mehr Souveränität in allen Lebenslagen. Er steht einigen der angesehensten Familien Europas als Privatcoach mit Rat und Tat zur Seite. Zu seinen Klienten zählen Manager aus Top-Unternehmen, mittelständische Unternehmer und Politiker sowie viele Menschen, die sich bei ihm neue Impulse holen, um ihre Kommunikation noch souveräner und ihr Unternehmerdasein noch erfolgreicher zu gestalten. Er ist Autor von über vierzig Büchern, Hörbüchern, Managementlehrgängen und Coaching-Programmen, die zu den Business-Topsellern zählen. Sein Buch *Prinzip Souveränität* gilt als Standardwerk und liegt bereits in der 3. Auflage vor.

Täglich lesen über 30.000 Menschen seine Coaching-Impulse in den sozialen Netzwerken.

Kontakt
Web: www.etrillard.com

Einleitung

Nahezu jeder hat heute die Möglichkeit, als selbstständiger Unternehmer zu arbeiten. Und obwohl Deutschland im Vergleich mit anderen Staaten nicht unbedingt als das Land der Selbstständigen gilt, entscheiden sich immer mehr Menschen für eine Unternehmensgründung. Die unternehmerische Selbstständigkeit hat hierzulande einen starken Aufschwung erfahren. Innerhalb der vergangenen zwanzig Jahre ist die Zahl der Selbstständigen um vierzig Prozent gestiegen. Dafür gibt es mehrere Gründe: Nachholprozesse in Ostdeutschland, der Strukturwandel in Richtung Dienstleistungssektor, außerdem eine größere Bereitschaft unter den Hochqualifizierten, den Unverheirateten und Menschen mit ausländischen Wurzeln, sich für die unternehmerische Selbstständigkeit zu entscheiden. Zudem hat sich der Anteil der Frauen unter den Selbstständigen ganz erheblich erhöht.

Allerdings sagen diese erfreulichen Zahlen erst einmal nichts über die individuelle Situation der Unternehmer aus. Stark verkürzt lässt sich sagen: Die Entscheidung für die Selbstständigkeit zahlt sich für die meisten aus, sowohl finanziell als auch persönlich. Doch ist das leider längst nicht immer so. Vielen Selbstständigen gelingt es nicht, profitabel zu arbeiten, teilweise nicht einmal, obwohl sie sehr viel arbeiten. Die Ursache sind zu wenige, vor allem jedoch die falschen Kunden und Aufträge, die zu schlecht bezahlt werden. Etliche Freiberufler, Selbstständige und Unternehmer verkaufen sich mitunter sogar weit unter Wert. Oft ist nicht einmal ein klares Bewusstsein für den Wert der eigenen Leistungen vorhanden. Das verhindert ein professionelles und selbstbewusstes Auftreten.

Der Ausweg sind dann nicht (noch) mehr Kunden und (noch) mehr Aufträge, sondern mehr profitable Kunden und mehr rentable Aufträge. Doch wo sollen diese Kunden und Aufträge herkommen? Hier stehen Ihnen weit mehr Möglichkeiten offen, als Sie vermutlich zunächst denken. Das Ziel ist in allen Fällen, passende Kunden und fair bezahlte Aufträge zu bekommen. Fachlich gut zu sein, ist noch lange kein Garant für ein gutes Einkommen:

Branchenübergreifend kommt es ebenso darauf an, sich selbst, die eigenen Leistungen und das eigene Know-how geschickt zu vermarkten und die eigene Arbeit letztlich zu einem angemessenen Preis zu verkaufen. Viele Selbstständige scheitern an dieser Aufgabe oder haben ihre Bedeutung noch nicht erkannt.

Unternehmer, die sich unter Wert verkaufen, schaden sich selbst, ihrem Unternehmen und ihren Mitarbeitern und sogar ihrer gesamten Branche. Doch kein Unternehmer braucht sich mit einem zu geringen Einkommen zufriedenzugeben!

Es gibt Mittel und Wege, sowohl mehr profitable Aufträge zu gewinnen als auch höhere Honorare zu erzielen. Der wichtigste Punkt dabei ist die Professionalisierung der eigenen Unternehmensführung. Dabei geht es auch darum, zu erkennen, womit sich Unternehmer selbst im Wege stehen und wo genau die Hindernisse auf dem Weg zu höheren Umsätzen liegen.

Das Gute ist jedoch: Ein erfolgreiches unternehmerisches Handeln ist weit weniger kompliziert, als vielfach angenommen wird. Der Ausgangspunkt für alle Aktivitäten sind auf der einen Seite Sie selbst und auf der anderen Seite, Ihre Kunden als Quelle Ihres Einkommens. Letztlich ist es eine existenzielle Frage, ob Sie mit Ihrer Arbeit genug Geld verdienen oder nicht. Und dabei geht es nicht nur, doch zunächst einmal um die wirtschaftliche und die private Existenz. Schließlich soll die Unternehmung den eigenen Lebensunterhalt sichern und darüber hinaus auch finanzielle Absicherungen für die Zukunft ermöglichen. Außerdem verursacht das Unternehmen natürlich auch selbst Kosten, die es zu decken gilt. Ständig an der unteren Grenze herumzuwerkeln, geht auf Dauer nicht nur an die Substanz, es raubt selbst dem motiviertesten Unternehmer die Freude an der Sache.

Work for Pay lautet daher das Motto. Wo Arbeit und eine gute Leistung erbracht werden, ist eine angemessene Bezahlung unerlässlich. Deshalb will ich Ihnen mit diesem Buch neue Impulse geben, die Ihnen dabei helfen, auf allen Ebenen professionell zu agieren und höhere Honorare zu erzielen. Und das ist eine Notwendigkeit, ohne die eine erfolgreiche Unternehmensführung schlichtweg nicht möglich ist.

Pay for Work ist die andere Seite der gleichen Medaille, die allerdings viel zu selten thematisiert wird. Wie Sie lesen werden, gibt es viele gute Gründe dafür, als selbstständiger Unternehmer auch seinerseits Mitarbeiter und Lieferanten gut zu bezahlen. Denn Profit auf Kosten von Geschäftspartnern zu machen, kann allenfalls zu kurzfristigen Mehreinnahmen führen. Die Rechnung, selbst nur ein Minimum zu bezahlen und dabei ein Maximum in Rechnung zu stellen, kann nicht aufgehen. In diesem Buch lesen Sie, warum das so ist.

Professionalität in der Unternehmensführung heißt, mit Weitsicht handeln und die Folgen des eigenen Handelns oder Nichthandelns genau abschätzen zu können. Dazu gehört als Erstes, sich selbst und die eigenen Leistungen nicht unter Wert zu verkaufen. Außerdem kommt es darauf an, laufend neue Aufträge zu gewinnen, für jeden Auftrag klare Vereinbarungen mit den Kunden zu treffen und in Verhandlungen erfolgreich die eigenen Interessen zu vertreten. Eine wesentliche, jedoch unterschätzte Grundlage dafür ist eine solide Preiskalkulation. Denn ohne eine genaue Kalkulation können Sie nicht wissen, wo überhaupt die Gewinnzone beginnt und wann sie unterschritten wird.

Mit diesem Buch möchte ich Ihnen eine ganz neue Sichtweise auf Ihr eigenes Unternehmen, auf sich selbst als Unternehmer und vor allem auf die Vermarktung Ihrer Leistungen eröffnen. Sie erfahren, wie Sie Ihre Leistungen für die Kunden besser sichtbar machen und wie Sie sich ganz neue

Chancen eröffnen können. Im Vordergrund stehen dabei keine Konzepte und Strategien mit fantasievollen Namen – mir geht es vielmehr um einen pragmatischen Ansatz, der sich konsequent an der Realität der selbstständigen Unternehmer orientiert. Es geht darum, die Hindernisse auf dem Weg zu höheren Umsätzen zu beseitigen und unreflektiertes Handeln durch echte Professionalität zu ersetzen. So erhalten Sie Zugang zu besseren Kunden, lukrativere Aufträge und im Ergebnis höhere Honorare.

Eine inspirierende Lektüre wünscht Ihnen

Ihr Stéphane Etrillard

PS: Um Ihnen die Lektüre des Buchs zu erleichtern, habe ich es bevorzugt klassisch, in der männlichen Form, geschrieben. Wenn also von Unternehmern die Rede ist, spreche ich in diesem Buch selbstverständlich auch genauso Sie, liebe Unternehmerinnen, an.

1.

Bessere Geschäfte machen

Geschäftsideen gibt es viele, auch viele gute. Und sich beim Finanzamt als Selbstständiger anzumelden, dauert fünf Minuten. Unternehmer zu werden, ist also im Prinzip zunächst einmal keine große Sache. Es auch über Jahre oder Jahrzehnte zu bleiben, ist schon etwas ganz anderes. – In Deutschland werden jedes Jahr mehrere Hunderttausend Unternehmen gegründet. Damit ist Deutschland noch kein Gründerland (die Quote der Selbstständigen ist beispielsweise in Griechenland oder Italien weitaus höher) und insgesamt liegt die Quote etwas unter dem EU-Durchschnitt. Doch für uns als etwas ängstlich geltenden Deutschen kann man sagen, dass wir mit der Zahl der Unternehmungen noch halbwegs ordentlich dastehen. Aus einer anderen Perspektive betrachtet, werden die Relationen klarer: Von 10.000 Erwerbspersonen gründen 76 ein Unternehmen. Wirklich viele sind das auch wieder nicht. Dennoch ist die Selbstständigkeit inzwischen eine echte Alternative zu, wie es in der Amtssprache so unschön heißt, abhängigen Beschäftigtenverhältnissen geworden. Allerdings gibt es jedes Jahr noch immer mehr Geschäftsaufgaben als Neugründungen. Viele dieser Geschäftsaufgaben erfolgen schon in den ersten Jahren der Selbstständigkeit.

1.1 Idealbild und Wirklichkeit der Selbstständigkeit

Von der Selbstständigkeit existieren parallel zwei Bilder. Und die sind völlig unterschiedlich. Das erste ist sozusagen das Idealbild: Demnach haben selbstständige Unternehmer grundsätzlich ein hohes Einkommen, genießen die freie Zeiteinteilung und dass sie keinen Chef haben, der ihnen sagt, was sie tun und lassen sollen. – Dem gegenüber steht eine Art Schreckensszenario der Selbstständigkeit: Danach handelt es sich dabei um die reinste Selbstausbeutung, die ebenso zulasten von Familie und Freunden wie der eigenen Gesundheit geht. Statt Freiheit bringe sie nur neue Abhängigkeiten und etliche Risiken mit sich, darunter die fehlende Absicherung für den Krankheitsfall oder das Alter. Außerdem seien die Einkommen in Wahrheit doch viel zu gering und auf jeden Fall unregelmäßig.

Tipp

Sie wissen es selbst: In den Ansichten beider Lager mag ein Funke Wahrheit stecken, doch letztlich treffen beide Vorstellungen nicht die Wirklichkeit. Das hat seinen Grund: Denn viele Urteile über uns Unternehmer kommen von den Nicht-Unternehmern, die zwar bestimmt schon einige Male einen Selbstständigen kennengelernt, letztlich jedoch gar nicht genügend Einblick haben, um ein vollständiges Bild entwerfen zu können. Die Wirklichkeit der Selbstständigkeit ist weitaus komplexer. Allerdings färbt das allgemeine Bild auch auf die Unternehmer ab – und vor allem auf diejenigen, die es erst werden wollen. Angehende Unternehmer haben noch keine Erfahrungen und zum Zeitpunkt, wenn die Entscheidung für oder wider die Selbstständigkeit fällt, kaum mehr Wissen von der Materie als alle anderen. Sie kennen sich in den meisten Fällen zwar auf ihrem jeweiligen Fachgebiet gut aus, wissen im Detail jedoch nicht, was sie als Unternehmer erwartet. Und auch auf Selbstständige und Freiberufler, die schon seit vielen Jahren dabei sind, kommen immer wieder Situationen zu, die sie nicht kennen und auch nicht erwartet haben. Die unternehmerische Wirklichkeit sieht also oft anders aus, als man es selbst einmal angenommen hat.

Neben den fachlichen Aspekten umfasst die Wirklichkeit eines Unternehmers eine ganze Reihe teils völlig unterschiedlicher Bereiche, was vor allem zeigt: Insbesondere die Inhaber von Einzel- und kleineren Unternehmen, die keine oder meist nur wenige Mitarbeiter haben, müssen wahre Allroundtalente sein. Und weil nun nicht jeder auf allen möglichen Gebieten herausragende Leistungen bringen kann, hat fast jeder Unternehmer das eine oder andere Manko. Zudem fehlt vielen Selbstständigen schlicht und einfach die Lust, sich mit bestimmten Aufgaben mehr als zwingend nötig zu befassen. Doch kein Unternehmer kann es sich leisten, wichtige Aufgaben dauerhaft zu ignorieren. In der Geschäftswelt können derartige Nachlässigkeiten leicht weitreichende Folgen haben, wie finanzielle Einbußen, Kundenschwund oder Auftragsrückgänge. Fehleinschätzungen oder die Tatsache, dass sich einige Unternehmer bestimmten Seiten der Unternehmensführung mehr oder weniger verweigern, machen sich ebenso auf ganz anderer Seite bemerkbar – beispielsweise bei der Work-Life-Balance oder durch eine generellen Unzufriedenheit mit der beruflichen Situation.

Damit lässt sich übrigens auch erklären, warum laut einer Studie des Bundeswirtschaftsministeriums rund vierzig Prozent der Geschäftsaufgaben ohne wirtschaftlichen Zwang erfolgen. Demnach geben viele Selbstständige ihr Unternehmen auf, weil sie finanziell zwar über die Runden kommen, der ursprünglich erwartete große wirtschaftliche Erfolg jedoch ausbleibt – oder weil sie sich dem Stress und wichtigen unternehmerischen Aufgaben nicht gewachsen fühlen. Meist führt ein Bündel aus verschiedenen Problemen dazu, dass ein Geschäft wieder aufgegeben wird. Wie gesagt: Erfolgreiche Unternehmer sind Allrounder, die gleich auf mehreren Gebieten hohe Leistungen erbringen und damit überzeugen.

Die Grundpfeiler einer erfolgreichen Selbstständigkeit

Es ist wie beim Kochen: Bevor ein Gericht mit exotischen Gewürzen abgerundet wird und schließlich serviert werden kann, kommt niemand daran vorbei, die Kartoffeln zu schälen und den Tisch zu decken. Das gilt ganz ähnlich für jeden Unternehmer: Wer erfolgreich ein eigenes Unternehmen führt oder freiberuflich tätig ist, weiß genau, dass dieser Erfolg nicht vom Himmel fällt. Vielmehr setzt ein dauerhafter unternehmerischer Erfolg bestimmte Fähigkeiten und Eigenschaften voraus, ohne die es einfach nicht geht. Diese bilden in allen Fällen das Fundament des beruflichen Erfolgs.

1 Persönlichkeit		**5** Einkommen und Arbeitszeit	
2 Selbstorganisation		**6** Enthusiasmus	
3 Marketing und Vertrieb		**7** Belastbarkeit	
4 Kunden und Auftragsabwicklung		**8** Eigenverantwortung	

1. Persönlichkeit

Nicht umsonst werden immer wieder souveräne Unternehmerpersönlichkeiten gefordert. Als Unternehmer souverän zu agieren, bedeutet, auch in Anbetracht von Druck, Veränderungen am Markt, ökonomischen Zwängen und der persönlichen Situation das Ruder selbst in der Hand zu halten. Die eigene Persönlichkeit wird damit zum Fundament aller geschäftlichen Aktivitäten und Erfolge. Das gilt umso mehr, da Selbstständigkeit bedeutet, die eigenen Fähigkeiten zu kennen und eigenverantwortlich einzusetzen, um die geschäftlichen Ziele zu erreichen. Und gerade im Kontakt mit Kunden, Mitarbeitern und Netzwerkpartnern ist es vielfach die Persönlichkeit, die überzeugt – oder eben nicht.

2. Selbstorganisation

Die Fähigkeit zur Selbstorganisation ist genau genommen ein Teilaspekt der Persönlichkeit, der für den geschäftlichen Erfolg häufig unterschätzt wird. Denn natürlich hören es viele Unternehmer nicht gern, dass es im Geschäftsleben letztlich doch auf Disziplin, Durchhaltevermögen und entschlossenes Handeln ankommt. In meinen mehr als zwanzig Jahren als Trainer und Coach habe ich Tausende Unternehmer kennengelernt – und die erfolgreichen haben eines gemeinsam: Sie alle wissen ihre Potenziale zu nutzen, können auf ihrer eigenen Beständigkeit aufbauen und verzetteln sich nicht, wenn es darum geht, sich selbst und das eigene Unternehmen zu organisieren.

3. Marketing und Vertrieb

Jeder, der langfristig auf den sich ständig verändernden Märkten bestehen will, braucht eine Marketing- und Vertriebsstrategie. Denn niemand kommt daran vorbei, sich selbst und seine Leistungen marktgerecht zu verkaufen. Die auf Erfolg ausgerichtete Unternehmensführung ist kein Hobby, sondern erfordert Professionalität in allen relevanten Bereichen.

4. Kunden und Auftragsabwicklung

Die Kunden und die Auftragsabwicklung bilden der Kern des geschäftlichen Erfolgs. Daran wird sich nie etwas ändern. Die Qualität der Kundenkontakte und eine hohe Professionalität bei der Auftragsabwicklung entscheiden über die eigene berufliche Zukunft. Letztlich hängt alles davon ab, ob es gelingt, vorhandene Kunden zu binden und gleichzeitig neue hinzuzugewinnen. Denn eines steht fest: Kein Unternehmer kann sich ewig auf dem vorhandenen Kundenstamm ausruhen, sondern braucht ganz einfach Nachschub und also neue Kunden. An dieser Herausforderung scheitern viele Unternehmer, vor allem wenn die Bereitschaft fehlt, sich konsequent am Bedarf und an den Wünschen der Kunden zu orientieren.

5. Einkommen und Arbeitszeit

Auch wenn es in der Praxis längst nicht immer gelingt: Die Selbstständigkeit ist auf Dauer ausgelegt. Das bedeutet, die Unternehmung muss langfristig funktionieren. Das gelingt nur, wenn beim Unternehmer sowohl Klarheit über die realistischen Einkommensmöglichkeiten als auch über den Arbeitsaufwand besteht. Manche Neuunternehmer muten sich ein Pensum zu, das unmöglich über Jahre oder Jahrzehnte durchzuhalten ist. Andere glauben, die Unternehmensführung wie nebenbei aus dem Ärmel schütteln zu können. Erfolgreiche Unternehmer sind bereit, Geld und Arbeitszeit in ihr Geschäft zu investieren – gleichzeitig überfordern sie sich nicht und können realistisch einschätzen, welches Einkommen sie erzielen können.

6. Enthusiasmus

Viele Unternehmer verlieren im Laufe der Jahre die Freude an der eigenen Arbeit, oft sogar dann, wenn das Unternehmen auf Erfolgskurs ist. Alles geht dann zwar noch routiniert seinen Gang, nur macht das Ganze keinen Spaß mehr. Ist es einmal so weit, dauert es oft nicht mehr lange, bis die gesamte Arbeit nur noch als Last empfunden wird – und das ist sicher keine gute Grundlage, um auf umkämpften Märkten bestehen zu können. Dabei ist es relativ einfach, dem entgegenzuwirken: Denn sehr viele Unternehmer können gar nicht mehr anders, als selbstständig und eigenverantwortlich zu arbeiten – das ist es, was sie wollen. In Phasen, in denen der Enthusiasmus etwas nachlässt, ist es deshalb wichtig, sich immer wieder die Vorteile der Selbstständigkeit ins Gedächtnis zu rufen. Denn wenn nach Jahren die Routine überhandnimmt, vergisst man leicht, warum man den Weg der Selbstständigkeit gewählt hat und welche Vorteile er mit sich bringt.

7. Belastbarkeit

Wer ein Unternehmen führt, geht damit natürlich auch Risiken ein und ist – zumindest phasenweise – auch hohen Belastungen ausgesetzt. Das ist nicht jedermanns Sache. Unternehmer brauchen eine robuste Psyche. Wem alles schnell über den Kopf wächst und wer bei leisestem Gegenwind ins Schwanken gerät, ist eher nicht für die Selbstständigkeit geeignet. Die Selbstständigkeit ist nichts für Fantasten und auch nichts für Überängstliche, sondern eher etwas für positive Realisten, die bereit sind, die Verantwortung für ihr eigenes Leben und Handeln zu übernehmen.

8. Eigenverantwortung

Das führt zum letzten und vielleicht wichtigsten Punkt: Eigenverantwortung. Selbstständig ist man rund um die Uhr an 365 Tagen im Jahr, auch im Urlaub oder bei Krankheit. Man muss es also wollen und sich klar und bewusst dafür entscheiden. Selbstständige handeln eigenverantwortlich.

Für ihr Handeln oder Nichthandeln werden sie von niemandem zur Verantwortung gezogen und sie haben keinen Vorgesetzten, der ihnen etwas vorschreibt. Das macht den Reiz der Selbstständigkeit aus, verlangt allerdings auch Selbstständigkeit im wahrsten Sinne des Wortes. Die Verantwortung für was auch immer von sich selbst auf andere abzuwälzen, wird als Unternehmer nicht gelingen, und selbst wenn, dann ganz gewiss nicht zum Erfolg führen. Ein dauerhaft hohes Maß an Eigenverantwortung ist ein wesentlicher Erfolgsfaktor für alle Unternehmer.

Die Grundpfeiler zusammengenommen bilden neben dem jeweiligen Fachwissen die persönlichen Grundlagen für eine erfolgreiche Selbstständigkeit. Tatsächlich können größere Mankos auf nur einem dieser Gebiete zu entscheidenden Rückschlägen führen. Genau das ist auch eine der Ursachen dafür, dass rund ein Drittel der Selbstständigen drei Jahre nach der Gründung bereits nicht mehr auf dem Markt vertreten ist.

Tipp

Werfen Sie einen ehrlichen Blick auf sich selbst! Die Grundpfeiler der erfolgreichen Selbstständigkeit sind durch nichts zu ersetzen. Daran lässt sich nicht rütteln. Deshalb ist es unverzichtbar, dass Sie ehrlich und selbstkritisch prüfen, an welchen Stellen es bei Ihnen vielleicht noch etwas hapert. Haben Sie bestimmte Mankos entdeckt, können Sie anfangen, etwas dagegen zu tun!

Unternehmer zu werden, ist keine große Sache. Es auch über Jahre oder Jahrzehnte zu bleiben, ist schon etwas ganz anderes.

1.2 Wenn die Rechnung nicht aufgeht

Weiter oben hieß es, dass rund vierzig Prozent der Geschäftsaufgaben ohne wirtschaftlichen Zwang erfolgen. Das bedeutet auch: In sechzig Prozent der Fälle führen finanzielle Engpässe und zu geringe Einnahmen zur Geschäftsaufgabe. Woran es auch immer hapern mag, Fakt ist, dass die Gefahr einer Geschäftsaufgabe bei kleineren Unternehmen generell höher ist als bei großen. Das gilt insbesondere für die Phase nach der Gründung; allerdings bleibt das Risiko auch nach mehreren Jahren im Geschäft durchaus hoch. Dabei lässt sich jede gescheiterte Unternehmung auf klare Ursachen zurückführen. Meistens sind diese Gründe überaus konkret und können von den Betroffenen recht eindeutig benannt werden. Zumal sie nüchtern betrachtet oft erstaunlich profan sind: Mal liegt es an den fehlenden Rücklagen, sodass schon eine größere Steuernachzahlung zum ernsten Problem werden kann, mal an Streit und Uneinigkeit mit Geschäftspartnern oder an falschen Mitarbeitern, was für kleinere Unternehmen schnell existenzbedrohend sein kann.

Doch all diese Ursachen sind letztlich eine Folge von vorausgegangenen Fehlern und von einer falschen Umgangsweise mit diesen Fehlern. Betrachtet man die für ein Unternehmen bedrohlichen Situationen mit etwas Abstand, werden drei wesentliche Problemfelder erkennbar: die Finanzen, die persönlichen Fähigkeiten und das private Umfeld. Ganz gleich, warum ein Unternehmen in Schwierigkeiten gerät, immer lassen sich die Gründe mindestens einem der drei genannten Problembereiche zuordnen.

1. Finanzen

Wenn unter dem Strich ein Minus oder ein zu geringes Plus steht, macht ein Unternehmen zu wenig Gewinn. Diese Aussage ist sicherlich richtig, sagt allerdings nichts darüber aus, wie es dazu gekommen ist. Reichen die Einnahmen nicht aus, kann es dafür viele Gründe geben.

Zu wenige oder die falschen Kunden: Manche Selbstständige haben nur eine Handvoll Kunden. Wenn nur einer der wenigen Kunden wegfällt, kann das bereits massive Auswirkungen haben. Auch wenn sich ein Unternehmer einen größeren Kundenstamm erarbeitet hat, kommt es oft zu der Situation, dass insgesamt mehr Kunden wegfallen, als neue hinzukommen. Das ist oft ein schleichender Prozess, der zu spät erkannt wird – zumal in der Regel viel Zeit vergeht, bis Gegenmaßnahmen greifen und tatsächlich neue Kunden gewonnen werden können. Ähnlich sieht es aus, wenn ein Unternehmen die falschen Kunden hat: Das sind Kunden mit einer schlechten Zahlungsmoral, Kunden, die im Vergleich zu den Einnahmen unverhältnismäßig viel (Vor- und Nach-)Arbeit erfordern, und Kunden, die stets wenig lukrative Aufträge vergeben. Zu den falschen Kunden zählen auch solche, über die sich ein Auftragnehmer (aus welchen Gründen auch immer) immer wieder ärgert. Der Ärger verursacht dann Stress und macht die Situation nur noch schlimmer – am Ende hat man dann unter Umständen für wenig Geld einen komplizierten Auftrag abgearbeitet und aus Ärger tage- oder wochenlang auch noch schlecht geschlafen. Auch solche Kunden können zu einer Gefahr für ein Unternehmen werden.

Zu geringe Honorare: Die Ursachen dafür, dass ein Unternehmen zu geringe Honorare vereinnahmt, sind oft weitaus vielfältiger, als den Unternehmern bewusst ist: Natürlich gibt es Kunden, die bei jeder Gelegenheit versuchen, den Preis zu drücken – und Unternehmer, die zu leicht nachgeben. Auch sind viele Selbstständige nicht gut genug auf Verhandlungen vorbereitet und schon gar nicht auf harte Verhandlungspartner – was zwar verständlich ist, jedoch zu größeren Umsatzeinbußen führen kann. Denn vielfach treffen Selbstständige, die ein kleines Unternehmen führen, in Verhandlungen auf Führungskräfte von größeren Unternehmen, die alle Verhandlungstechniken, faire und unfaire, sehr gut kennen und auch anwenden. Obendrein haben die Auftraggeber die vermeintlich bessere Ausgangsposition, so erscheint es zumindest vielen Auftragnehmern, die sich dann leicht von der Professionalität des Gegenübers, von großen Summen und umfangreichen Aufträgen beeindrucken lassen und in der Folge zu leicht nachgeben. Und natürlich gibt es auch solche Unternehmer, die mit reinen Fantasiezahlen und viel zu hohen Forderungen in eine Verhandlung gehen und sich dann schnell wieder auf dem Boden der Tatsachen wiederfinden. Beides führt nicht zum Verhandlungserfolg. Ganz generell können Mankos im persönlichen Auftreten jeden Unternehmer bares Geld kosten.

Tipp

Vor allem Selbstständige mit weniger Erfahrung haben in Verhandlungen geradezu Angst vor hohen Summen und sind schnell beeindruckt von den großen Zahlen. Das führt dann dazu, dass sie ihre Honorare von vornherein zu niedrig ansetzen oder sich zu leicht herunterhandeln lassen. Dagegen können Sie sich mit einem einfachen Tipp recht gut schützen: Rufen Sie sich vor der Verhandlung genau ins Bewusstsein, wie hoch der reine Gewinnanteil von der Gesamtsumme ist. Dadurch wird der Betrag unter dem Strich erstens schon einmal deutlich kleiner – und zweitens wissen Sie dann genau, dass Ihr Gewinnanteil weiter schrumpft, wenn Sie Nachlässe gewähren. Das schützt Sie vor allzu leichtfertiger Nachgiebigkeit.

Ein echtes Problem sind zudem Aufträge, die während der Bearbeitung schleichend an Umfang zunehmen, ohne dass ein neuer Preis verhandelt wird. Solche Fälle sind oft besonders unangenehm: Der Unternehmer macht dann ein Angebot für eine bestimmte Leistung, doch während der Auftragsbearbeitung kommen nach und nach verschiedene Kleinigkeiten zum gewünschten Leistungsumfang hinzu. Viele Selbstständige gehen dann den Weg des geringsten Widerstands und führen die Mehrarbeit einfach aus, ohne viel Aufhebens darum zu machen. Wenn es sich lediglich um eine geringfügige Auftragserweiterung handelt, ist das sicher auch in Ordnung – doch weiß kein Unternehmer vorher, wie viele dieser jeweils kleinen Extrawünsche noch hinzukommen. In der Summe kann auf diese Weise ein Auftrag erheblich an Umfang zunehmen, ohne dass der Selbstständige dafür entlohnt wird. Oft wurde schlichtweg der Zeitpunkt zum Eingreifen verpasst. Eine häufige Ursache für einen erhöhten Leistungsumfang bei gleichbleibender Entlohnung sind zudem unpräzise Angebote, in denen nicht klar abgegrenzt wird, wo der ursprünglich geplante Leistungsumfang endet und wo genau es sich um eine Auftragserweiterung handelt. Die Quittung zahlt dann der Unternehmer.

Fehlkalkulationen jeder Art führen zwangsläufig zu Umsatzeinbußen und/oder zu unbezahlter Mehrarbeit. Zu Fehlern bei der Kalkulation kommt es bevorzugt dann, wenn Preise zu früh genannt werden, wenn nämlich noch Informationen fehlen und ein Überblick über den Ablauf des Projektes noch gar nicht möglich ist. Nicht selten ist auch die gesamte Preiskalkulation von vornherein fehlerhaft: Stundensätze oder Stückpreise werden dann zu niedrig angesetzt, weil das kaufmännische Wissen für eine solide Kalkulation fehlt. Auch hier ist eine Fehleinschätzung des tatsächlichen Aufwandes einer der häufigsten Fehler, der sich beispielsweise durch eine konsequente Zeiterfassung (die vielen Selbstständigen jedoch zu lästig ist) und Auswertung derselben leicht vermeiden ließe. Tatsächlich gibt es auch reichlich Fälle, in denen Unternehmer ihre Preise wider besseres Wissen bewusst zu niedrig ansetzen: Beispielsweise dann, wenn der Unternehmer allgemeine Preis- oder Nebenkostenerhöhungen nicht an den Kunden weitergibt oder er sich nicht traut, gegenüber einem Stammkunden nach Jahren der Zusammenarbeit eine Preiserhöhung auch nur ins Gespräch zu bringen, geschweige denn durchzusetzen. Das Gleiche gilt für Aufträge, die primär aus Prestigegründen angenommen werden, obwohl von vornherein feststeht, dass die Bezahlung – wegen des vermeintlichen Prestigegewinns – schlecht ist. Allerdings bringt die Erledigung solcher Aufträge nur selten die gewünschte Wirkung, sondern allenfalls noch weitere schlecht bezahlte Folgeaufträge.

In allen genannten Fällen verkauft der Unternehmer sich unter Wert und kann folglich nicht die nötigen Gewinne erzielen. Dabei ist die Gewinnerzielung das primäre Ziel des unternehmerischen Handelns.

Zu hohe Kosten: Wenn die Rechnung nicht aufgeht, sind – vereinfacht gesagt – die Einnahmen zu gering oder die Kosten zu hoch. Spätestens die Mischung aus beiden Problemen kann zur ernsten Gefahr werden. Ursächlich für zu große Ausgaben ist meist ein fehlendes ökonomisches Gespür: Im Laufe der Zeit wird eine Vielzahl unterschiedlicher Verpflichtungen eingegangen, wobei in der Summe hohe laufende Kosten entstehen. Manchmal geschieht dies, obwohl die aktuelle Geschäftslage die hohen Kosten nicht rechtfertigen kann oder weil auf Grundlage eines kurzzeitigen Auftragshochs kalkuliert wird, wobei unberücksichtigt bleibt, dass sich die Gewinne in kurzer Zeit vermutlich wieder auf einem niedrigeren Niveau einpendeln werden. Da fast alle Selbstständigen mitunter stark schwankende Einnahmen haben, ist die Versuchung oft groß, in Hochzeiten neue finanzielle Verpflichtungen einzugehen oder größere Investitionen zu tätigen.

Auch fehlende Branchenkenntnisse können zu ungerechtfertigt hohen Ausgaben führen – vor allem dann, wenn ein Unternehmer nicht nur seine eigene Leistung, sondern darüber hinaus auch fachfremde Angebote vermarkten will. In solchen Fällen besteht obendrein häufig ein erhöhtes Risiko (auch durch Vorauszahlungen) und es gibt immer einen zusätzlichen Verwaltungsaufwand, der nicht in jedem Fall durch die zusätzlichen Einnahmen gedeckt wird. Zudem agiert jeder Unternehmer nicht nur auf dem Markt, für den er selbst Experte ist, sondern eben auch auf anderen Märkten, auf denen er mit seinem Unternehmen als Kunde auftritt. Deshalb ist es nicht leicht, die jeweils besten Angebote herauszufiltern. Fehlende Kontakte und Netzwerke können die Situation zusätzlich verschärfen. Ohnehin sind auch Unternehmer nicht davor gefeit, das billigste mit dem besten Angebot zu verwechseln. Wer ständig am falschen Ende spart (siehe *Pay for Work* ab Seite 61), schädigt damit in den meisten Fällen vor allem sich selbst.

Auch der Anspruch, alles selbst erledigen zu wollen, kann am Ende teuer werden. Niemand kann alles wissen und alleine machen – schon gar nicht effizient und in hoher Qualität. Oft fressen Arbeiten auf Nebenschauplätzen dringend nötige Zeit, die im Kerngeschäft weit besser investiert wäre. Je mehr fachfremde Arbeit sich ein Unternehmer aufbürdet, umso weniger bleibt ihm für das auftragsbezogene Kerngeschäft.

Ein Klassiker für zu hohe Kosten sind zudem zu frühe Geschäftserweiterungen, Investitionen mittels Krediten (mit anschließender Überschuldung) und hohe private Ausgaben. Gerade dieser Posten wird oft vernachlässigt: Der Posten »Privatausgaben« fehlt in vielen Rentabilitätsrechnungen und wird viel zu gering angesetzt, obwohl gerade diese Ausgaben einen erheblichen Teil der Gewinne aufzehren können.

Fehlende Rücklagen: Jeder Unternehmer, der über kein dickes finanzielles Polster verfügt, fürchtet hohe unvorhersehbare Ausgaben. Der Klassiker sind Steuernachzahlungen, doch auch defekte Gerätschaften, die plötzlich ersetzt werden müssen, oder Zahlungsausfälle bringen so manchen Unternehmer in die Bredouille. Allerdings: All dies sind letztlich keine unvorhersehbaren Ausgaben – unvorhersehbar ist allenfalls, welche Ausgabe wann an die Reihe kommt. Nichts ist dagegen sicherer, als dass auf jedes Unternehmen früher oder später sogenannte unvorhersehbare Ausgaben zukommen werden. Das Problem ist damit nicht die Unvorhersehbarkeit, sondern besteht vielmehr in den fehlenden Rücklagen.

2. Persönlichkeit

An Unternehmer werden viele Anforderungen gestellt: Sie sind es, die Entscheidungen treffen, Geschäftsstrategien vorgeben und das Verhältnis zu Kunden wie Mitarbeitern prägen. Alle persönlichen Mankos haben deshalb unmittelbare Auswirkungen auf den geschäftlichen Erfolg. Ein zusätzliches Problem: Gerade kontraproduktive persönliche Verhaltensweisen werden allzu leicht übersehen und verdrängt, weshalb es vielen Selbstständigen nicht gelingt, sich dieser Problematik zu stellen und die betreffenden Schwachstellen zu beheben.

Fehleinschätzung der eigenen Fähigkeiten: Viele Unternehmer überschätzen ihre eigenen Fähigkeiten – das kann sowohl das persönliche Leistungsvermögen als auch die eigenen Qualifikationen betreffen. Insbesondere dann, wenn Selbstständige gleichzeitig auf eine kritische Überprüfung wichtiger Entscheidungen ebenso verzichten wie auf das Einholen zweiter Meinungen, kann eine Selbstüberschätzung den Unternehmenserfolg gefährden. Betroffen hiervon sind nicht nur Neuunternehmer, sondern oft auch gerade solche, die bereits seit Jahren erfolgreich sind – weil sich hier leicht die Überzeugung bildet, dass sie ja stets alles richtig gemacht haben. Daraus kann sich eine destruktive Überheblichkeit bis hin zur völligen Beratungsresistenz entwickeln, was in Anbetracht der sich immer schneller verändernden Märkte zu einem großen Stolperstein werden kann.

Unzureichende Qualifikation: Unternehmer sind Experten für ihr Fachgebiet und zugleich Allrounder. Daraus resultieren zwei Herausforderungen: Da sich nicht nur die Märkte, sondern auch die jeweiligen Branchen und Fachgebiete ändern, reicht das einmal erworbene Fachwissen nicht für die Ewigkeit. Eine regelmäßige Weiterbildung ist oft unerlässlich, zumal der Wettbewerbsdruck meist hoch ist und auch weitaus größere Unternehmen als das eigene um Kunden konkurrieren. – Als Allrounder müssen sich Unternehmer gleichzeitig auf etlichen fachfremden Gebieten auskennen und sich hier ebenfalls auf dem Laufenden halten. Das geht von Produktionsabläufen bis hin zu steuerlichen oder gesetzlichen Vorschriften. In der Summe ist viel Wissen erforderlich, wobei nicht jeder bereit oder in der Lage ist, sich sowohl branchenspezifisch als auch darüber hinaus stets auf dem neuesten Stand zu halten.

Fehlende Veränderungsbereitschaft: Die erwähnte Dynamik auf den Märkten führt dazu, dass viele geschäftliche Entscheidungen und Strategien immer wieder auf den Prüfstand gestellt werden müssen. So mancher Unternehmer ist dazu nicht bereit und läuft dadurch Gefahr, sein Angebot auf einen Markt von gestern auszurichten. Die Folgen sind oft fatal, zumal ständig neue Unternehmen auf den Markt kommen, die bestens auf den modernen Markt ausgerichtet sind.

Warnzeichen erkennen: Kein Unternehmen gerät von einem Tag auf den nächsten in Schwierigkeiten. Vielmehr gibt es fast immer Warnzeichen, die eine Bedrohung des Geschäftserfolgs mehrere Monate oder sogar Jahre zuvor ankündigen (Auftragsrückgänge, Rückzug von Stammkunden, Liquiditätsengpässe, weniger Neukunden und vieles mehr). Nahezu jede Unternehmenskrise hat ihre Vorboten. Und es ist eine der originären Aufgaben eines Unternehmers, solche Vorboten zu erkennen, die Ursachen für mögliche Unternehmenskrisen zu identifizieren und frühzeitig Gegenmaßnahmen einzuleiten. Da kaum eine geschäftliche Bedrohung vom Himmel fällt, ist in der Regel genug Zeit, um zu reagieren. Viele Unternehmenskrisen können sich allein deshalb entwickeln, weil die Warnzeichen nicht oder viel zu spät erkannt werden. Und dafür gibt es letztlich nur zwei Ursachen: Der Unternehmer hat die Vorboten nicht erkennen wollen oder die Kontrolle und Steuerung seines Unternehmens vernachlässigt.

Gerade noch einmal gut gegangen ...

Ein mir bekannter Architekt betreibt zusammen mit einem Partner ein gut laufendes Architekturbüro, das reichlich Gewinn abwirft. In finanziellen Dingen sind jedoch beide sehr sorglos, was auch daran liegt, dass das Geschäft floriert und beide sich um Geld lange keine Gedanken machen mussten. Beide arbeiten viel und offensichtlich sehr gut, beide neigen jedoch auch dazu, das Geld mit vollen Händen auszugeben, und pflegen einen aufwendigen Lebensstil.

Trotz der hohen Einnahmen ist das Büro vor einigen Jahren haarscharf an einer Pleite vorbeigeschrammt. Geld ist genug da, doch beide Architekten verfügen weder privat noch beruflich über größere Reserven. Das ist lange gut gegangen – bis vor einigen Jahren das eine zum anderen kam: Beide kamen nach den jährlichen Betriebsferien aus einem teuren Urlaub zurück, als in kurzer Zeit mehrere unangenehme Briefe eintrudelten. Der erste war die Kündigung ihres stattlichen Büros, womit sie insgeheim schon gerechnet hatten, da ihnen bekannt war, dass das gesamte Haus verkauft werden sollte. Um neue Räume hatten sie sich bislang nicht gekümmert. Jetzt hatten sie gerade einmal drei Monate Zeit, würden den Umzug, vermutlich neue Einrichtungsgegenstände und eine Kaution zahlen müssen. Der zweite Brief kam vom Finanzamt – eine Steuernachzahlung in beträchtlicher Höhe. Auch das war letztlich keine Überraschung. Obendrein war auch noch ein Kunde mit einer höheren Verbindlichkeit im Rückstand. Kurz gesagt: Die Kasse war leer, während zeitgleich höhere unvermeidliche Ausgaben anstanden.

Letztlich ist alles noch einmal gut gegangen, vor allem, weil der säumige Kunde schließlich seine Rechnung noch gerade rechtzeitig beglichen hatte. Doch es war knapp und beinahe hätten die beiden Architekten völlig ohne Not ein überaus gut laufendes Geschäft in den Sand gesetzt. Die Warnsignale waren deutlich erkennbar, wurden jedoch ignoriert. Erst seit dieser Beinahepleite sorgen die beiden für eine finanzielle Reserve, damit sich ein solches Erlebnis keinesfalls wiederholt. Mit etwas Weitsicht hätten die beiden sich diese Erfahrung leicht sparen können.

Fehlende Strategie: Je kleiner ein Unternehmen ist, umso häufiger fehlt eine klare Unternehmensstrategie. Die Folge ist ein geschäftlicher Blindflug. Die Positionierung neu auszurichten, Strategien und Ziele zu entwickeln, sie auch umzusetzen und die Fortschritte der Umsetzung zu kontrollieren – das alles ist nicht einfach und kostet Zeit und Energie. Dennoch ist es eine unternehmerische Notwendigkeit. In der Praxis versuchen viele Unternehmer, sich dieser Notwendigkeit zu entziehen – oft sogar wider besseres Wissen: Strategieplanungen werden immer wieder verschoben oder nur pro forma abgehalten, mit der Umsetzung von strategisch relevanten Vorhaben wird gezögert, bis sie gänzlich wieder im Sande verlaufen, Geschäftsziele werden nicht klar formuliert und ihre Umsetzung wird nicht überwacht. So vergehen Monate, sogar Jahre, in denen das Unternehmen einen eher zufälligen Kurs nimmt, anstatt einer soliden Planung zu folgen. Damit hängt dann auch der geschäftliche Erfolg vom Zufall ab.

Motivationsmangel: Nach einigen Jahren Selbstständigkeit stellen sich bei den meisten Unternehmern erste Motivationsdefizite ein. Das ist normal. Im Laufe der Zeit hat man mehrere Mitarbeiter kommen und gehen sehen, neue Kunden gewonnen und andere verloren, etliche Differenzen mit Kunden, Lieferanten und Mitarbeitern durchfochten und nahezu alles schon einmal erlebt, während der ehemalige Pioniergeist verflogen ist. Wer nach fünf, acht oder zehn Jahren nach Unternehmensgründung weiterhin erfolgreich agiert, hat beste Chancen, sein Geschäft auch weiterhin mit großem Erfolg führen zu können – wenn die Motivation stimmt und keine Sinnkrise eintritt.

3. Das private Umfeld

Ein Faktor, der von vielen Selbstständigen stark unterschätzt wird, ist das Zusammenspiel von Geschäfts- und Privatleben. Die wechselseitigen Auswirkungen werden regelmäßig zu wenig berücksichtigt. Dabei betrifft die Arbeit immer auch das Privatleben, für Selbstständige gilt das in besonderem Maße.

Arbeitszeiten: In den meisten Fällen haben Selbstständige eine höhere Anzahl an Wochenarbeitsstunden als abhängig Beschäftigte. Das heißt: Für die Familie, Partner und Kinder bleibt weniger Zeit. Hinzu kommt, dass Menschen, die viel und lange arbeiten, auch Erholung benötigen oder Zeit für sich selbst. Diese Zeiten gehen dann noch einmal vom gemeinsamen Zeitkonto mit der Familie ab. Das kann zu Spannungen, Unzufriedenheit und Vorwürfen führen und insgesamt eine große Belastung darstellen – die sich wiederum auf die Arbeit auswirkt, wenn die Ansprüche von Partner und Familie selbst zur Belastung werden. Deshalb ist es für Selbstständige von größter – eben auch geschäftlicher – Bedeutung, dass ihr privates Umfeld ihre Selbstständigkeit mitträgt.

Verbundenheit mit der Arbeit: Selbstständige haben in der Regel eine hohe Verbundenheit mit ihrer Arbeit, wobei die Grenze zwischen Berufs- und Privatleben fließend ist. Oft ist eine klare Abgrenzung auch kaum noch möglich, das gilt insbesondere für Zeiten hoher Belastung und für alle dringlichen Situationen. Das kann dann schnell zulasten des Privatlebens gehen und zusätzlich Druck verursachen.

Drei Problemfelder sind für das Scheitern von Unternehmungen hauptsächlich verantwortlich: die Finanzen, die persönlichen Fähigkeiten des Unternehmers und das private Umfeld.

Unregelmäßigkeit: Viele Arbeitnehmer schätzen die Regelmäßigkeit ihres Berufs. Die Arbeitszeiten sind klar geregelt, der Urlaub kann lange im Voraus geplant werden und das regelmäßige Einkommen bietet finanzielle Sicherheit. Das alles ist bei Selbstständigen und Freiberuflern so nicht der Fall. Oft kommt es zu kurzfristigen Änderungen, Mehrarbeit und ungeplanten Ereignissen. Auch das Einkommen kann mitunter stark schwanken. Das alles erfordert starke Nerven – nicht nur beim Unternehmer selbst, sondern auch bei allen ihm nahestehenden Personen. Selbstständige brauchen daher ein persönliches Umfeld, das die spezifischen Probleme der Selbstständigkeit kennt und auch akzeptiert.

Tipp

Wenn Sie planen, sich selbstständig zu machen, oder größere geschäftliche Veränderungen einleiten wollen, reden Sie auch mit Ihrem engen privaten Umfeld darüber. Insbesondere für Partnerschaften und für das Familienleben ergeben sich daraus meist etliche Konsequenzen. Sprechen Sie darüber!

Werden Sie dabei so konkret wie möglich und beziffern Sie beispielsweise die zu erwartenden Arbeitsstunden und Einkünfte, benennen Sie ganz klar die möglichen Einschränkungen bei der Planbarkeit von Urlaub oder Freizeitgestaltung und sprechen Sie auch darüber, dass Sie in bestimmten Zeiten stets erreichbar sein oder bei dringendem Bedarf alles stehen und liegen lassen müssen, um schnell in die Firma zu fahren, und welche Risiken zu erwarten sind.

Je konkreter und offener Sie diese Aspekte im Vorfeld mit Ihrem engen privaten Umfeld klären, umso leichter wird es Freunden und Familie fallen, Sie zu unterstützen.

1.3 Und wie sieht es bei Ihnen aus?

Aus welchen Bereichen die Probleme kommen, die ein Unternehmen gefährden können, lässt sich, wie Sie gesehen haben, recht konkret benennen. Wie ist es also um Ihr Unternehmen bestellt? Haben Sie den einen oder anderen Bereich entdeckt, der auch für Sie zum Problem werden könnte – oder der es bereits geworden ist? Die gute Nachricht ist: Sie haben es selbst in der Hand, Ihr Geschäft Richtung Erfolg zu führen. Die vielleicht schlechte Nachricht ist: Sie haben es selbst in der Hand, Ihr Geschäft Richtung Erfolg zu führen. Nein, Sie haben sich nicht verlesen und um einen Tippfehler handelt es sich auch nicht. Denn wenn Sie einmal genauer auf die drei Aspekte Finanzen, Persönlichkeit und privater Bereich schauen, wird Ihnen auffallen, dass es in allen Fällen in letzter Konsequenz allein auf den Unternehmer selbst zurückfällt, ob ein Geschäft floriert oder nicht. Sie selbst stellen die Weichen, treffen die Entscheidungen und führen Ihr Unternehmen so, wie Sie es für richtig halten. Ob Sie nun zu hohe Kosten haben oder zu geringe Rücklagen, ob Ihnen Qualifikationen fehlen oder ob Sie Warnsignale ignorieren, ob es Motivationsprobleme gibt oder Schwierigkeiten mit der Work-Life-Balance – welchen Aspekt auch immer man auswählt: Die Verantwortung tragen Sie selbst und es gibt niemanden, dem Sie Versäumnisse in die Schuhe schieben könnten. Die Frage ist also vor allem: Was können, wollen und müssen Sie ändern? Und warum tun Sie es nicht?

In der Praxis wissen viele Unternehmer recht genau, was sie alles machen müssten – machen es jedoch nicht, oder allenfalls halbherzig, um das Gewissen zu beruhigen und später sagen zu können, dass sie es ja versucht hätten, es jedoch auch nichts gebracht habe. Wenn Sie Ihr Unternehmen neu aufstellen oder da, wo es nötig ist, neu justieren wollen, dann mit aller Konsequenz. Positive Veränderungen beginnen immer damit, die Probleme zu erkennen und die Verantwortung dafür selbst zu übernehmen. Auf dieser Grundlage können Sie gezielt die erforderlichen Maßnahmen einleiten.

Eines der größten Risiken für Unternehmer ist es, wenn sie sich insgeheim mit einer unbefriedigenden Situation abfinden. Ganz gleich, in welchen Bereichen Sie Verbesserungsbedarf sehen – gehen Sie das Problem offensiv an, am besten sofort. Je früher Sie eingreifen, umso größer sind Ihre Erfolgsaussichten. Ein längeres Zögern führt nur dazu, dass sich eine ohnehin schon unbefriedigende Situation manifestiert und später als unangenehmer Normalzustand hingenommen wird. Oder es werden, erst wenn es wirklich kritisch wird, hektische und wenig zielgerichtete Aktivitäten eingeleitet. Beides minimiert die Erfolgsaussichten der betroffenen Unternehmen – völlig unnötigerweise. Sicher ist zwar, dass in einem Unternehmen nicht alles völlig reibungslos verläuft. Ebenso sicher ist jedoch, dass es für nahezu jedes Problem eine Lösung gibt. Es liegt an Ihnen, ob Sie sich den Herausforderungen stellen und das – auch für Sie ganz persönlich – Beste aus Ihrem Unternehmen herausholen wollen.

Der elementarste Punkt dabei ist, die nötigen Gewinne zu erzielen. Genau das ist die originäre Aufgabe aller Unternehmer. Sie brauchen gute und vor allem die richtigen Kunden, lukrative Aufträge und am Ende ein gutes Plus unter dem Strich – auch, um sich die angenehmen unternehmerischen Freiheiten leisten zu können. Unternehmer arbeiten vielleicht aus Überzeugung, doch sicher nicht aus purem Idealismus, sondern um sich einen guten Lebensstandard leisten zu können. Gewinne zu erwirtschaften, ist die wichtigste aller unternehmerischen Notwendigkeiten. Allein über die Runden zu kommen, reicht einfach nicht. Es gibt unzählige Unternehmer, die seit Jahrzehnten überaus erfolgreich selbstständig tätig sind und die es wohl auch weiterhin bleiben werden. Es gibt keinen Grund, warum Sie nicht in der gleichen Liga mitspielen sollten. Keiner dieser erfolgreichen Unternehmer verfügt über Zauberkräfte und hat den Erfolg für sich allein gepachtet – vielmehr ist der Erfolg vor allem eine Folge professioneller und zielgerichteter Arbeit. Und ob es uns gefällt oder nicht: Geld spielt sehr wohl eine Rolle.

2.
Work for Pay

● ●

Sowohl zum Selbstverständnis von Unternehmern als auch zum Bild, das andere sich von ihnen machen, gehört häufig die Vorstellung, dass Unternehmer ihren Beruf als Berufung und als Akt der Selbstverwirklichung begreifen. Deshalb würden Selbstständige und Freiberufler vor allem um der Sache selbst willen arbeiten und das Geldverdienen sei eher nebensächlich. Mit Verlaub, das ist Quatsch. Als Unternehmer brauchen Sie eine völlig andere Vorstellung von Ihrer Arbeit. Denn eine Unternehmung kann auf Dauer nur gelingen, wenn Sie als Unternehmer damit auch Geld verdienen. – »Work for Pay« ist also Programm.

2.1 Kein Geld zu verdienen, kann sich niemand leisten

Selbstverständlich soll die Arbeit Ihnen Spaß machen, Zufriedenheit bringen und vielleicht auch zu Ihrer Selbstverwirklichung beitragen. Doch sie soll eben auch Ihren Lebensunterhalt sichern und Ihnen ermöglichen, den Lebensstandard zu finanzieren, den Sie sich für Ihr Leben wünschen. Beides ist wichtig. Und es ist ein Fehler, den materiellen Erfolg gegen die ideellen Werte auszuspielen. Geldverdienen und Ideale stehen nicht im Widerstreit miteinander; sie sorgen vielmehr gemeinsam für Ihren Erfolg als Unternehmer.

Doch das Arbeiten um des Geldes willen und das Streben nach einem sehr guten Einkommen haben meist keinen guten Ruf, sondern werden eher als »niedere Ziele« betrachtet. Wer nur für den schnöden Mammon arbeitet, erntet dafür meist keine besondere Anerkennung.

Der schnöde Mammon

Das Wort Mammon stammt aus der Bibel und bedeutete ursprünglich »Besitz« oder »Habe«. Bei der Bibelübersetzung von Martin Luther wurde es aus dem Kirchenlatein nicht ins Deutsche übersetzt, weshalb wir auch heute noch vom Mammon sprechen.

Im Volksglauben und in der Literatur galt der Mammon als personifizierter Reichtum und wurde zu einem Dämon, der die Menschen zu Geiz und Habgier verführt. Diese negative Konnotation hat sich in abgeschwächter Form bis heute gehalten.

Ein besseres Ansehen genießen häufig jene Menschen, die in der Arbeit an sich Entlohnung genug sehen und auf materielle Ansprüche verzichten, weil diese Arbeit selbst bereits wertvoll ist, ihren persönlichen Idealen entspricht und ihr Leben bereichert. Sie arbeiten in erster Linie für die Sache und nicht fürs Geld und geben sich deshalb oft auch mit einer geringeren Bezahlung zufrieden, als ihnen angesichts der aufgewendeten Arbeitszeit und ihres Fachwissens zustehen würde. Es gibt derzeit nicht wenige Branchen, in denen diese Einstellung geradezu erwartet – und oft genug auch ausgenutzt – wird.

Doch so eine Einstellung zur Arbeit kann sich, von sehr wenigen Ausnahmen abgesehen, niemand leisten, weder ein Unternehmer noch ein Angestellter. Irgendwo muss das Geld für den Lebensunterhalt schließlich herkommen. Außerdem ist es nicht plausibel, warum jemand Arbeit(szeit) verschenken sollte, die doch seinen Lebensunterhalt sichern soll. Arbeit hat einfach ihren Preis; und wer gute Arbeit leistet, soll dafür auch angemessen bezahlt werden.

Wer zu wenig verdient, muss zu viel arbeiten

Für Selbstständige und Freiberufler ist es am Ende eine existenzielle Frage, ob sie mit ihrer Arbeit genug Geld verdienen oder nicht. Und dabei geht es nicht nur, doch zunächst einmal um die wirtschaftliche Existenz. Schließlich soll die Unternehmung in erster Linie den eigenen Lebensunterhalt sichern und darüber hinaus auch finanzielle Absicherungen für die Zukunft ermöglichen. Außerdem verursacht das Unternehmen selbst natürlich Kosten, die durch die Einnahmen gedeckt sein müssen. Diese beiden Posten – eigener Lebensunterhalt und Kosten des Unternehmens – sind einfach gesetzt und die Einsparmöglichkeiten sind hier begrenzt. Irgendwann ist eine Untergrenze erreicht. Deshalb sind Unternehmer, die zu wenig verdienen, einfach gezwungen, immer mehr zu arbeiten, um zumindest ihre private Existenz und die Existenz des Unternehmens einigermaßen zu erhalten. Doch das Arbeiten am oberen Limit und Einkünfte am unteren – das kann auf Dauer nicht gut gehen. Denn wer zu wenig Umsatz macht, muss nicht nur immer mehr, sondern eben irgendwann einfach zu viel arbeiten und das kann schwerwiegende Auswirkungen haben.

Bei etlichen Selbstständigen und Freiberuflern erlebe ich zum Beispiel, dass sie ihre Gesundheit und ihr Sozialleben vernachlässigen, weil sie zu viel arbeiten. Stets und ständig sind sie mit ihren Gedanken bei der Arbeit, können kaum abschalten und arbeiten weit mehr Stunden in der Woche, als einem Angestellten überhaupt erlaubt wäre. Und freie Tage, Urlaub und Feierabend existieren eher theoretisch als tatsächlich. Selbst wenn der Antrieb für die nicht enden wollende Arbeit nicht aus existenziellen Nöten, sondern aus einem positiven Impuls entsteht, weil zum Beispiel gerade besonders spannende Herausforderungen oder sehr lukrative Aufträge anstehen, stresst so eine Dauerbelastung irgendwann Körper und Seele. Typische Folgen von Stress und Dauerbelastung sind dann zum Beispiel Erschöpfung, anhaltende Anspannung, Ruhelosigkeit, Schlafstörungen, Leistungsabfall, Tinnitus, Rückenschmerzen, Magenbeschwerden, Konzentrationsstörungen bis hin zu Burn-out, Depressionen und anderen psychischen Erkrankungen.

Arbeitszeit von Selbstständigen

Laut Statistischem Bundesamt gaben im Jahr 2014 53 Prozent der Selbstständigen an, üblicherweise mehr als 48 Stunden pro Woche zu arbeiten, was nach internationaler Konvention als »überlange Arbeitszeit« bezeichnet wird. Bei Vollzeitangestellten waren es nur 7 Prozent. (Quelle: Statistisches Bundesamt: Jeder zweite Selbstständige in Vollzeit mit überlanger Arbeitszeit)

Wer als Unternehmer Folgen wie diese in Kauf nimmt und seine eigene Gesundheit aufs Spiel setzt, um einem falschen Ideal von der Selbstverwirklichung im Beruf gerecht werden zu wollen, handelt extrem unverantwortlich. Und wenn ein Ideal ein solches Verhalten erfordert, dann ist es letztlich auch kein Ideal, sondern ein Trugbild. Denn ein Ideal stellt ein »Muster der Vollkommenheit« dar, ein »als ein höchster Wert erkanntes Ziel«, wie der Duden erklärt. Und vollkommen oder wertvoll ist diese Vorstellung von Arbeit in meinen Augen ganz und gar nicht.

Achten Sie auf Ihre Gesundheit!

Machen Sie sich bewusst, wie wichtig Ihre körperliche und seelische Gesundheit ist!

Beuten Sie Ihre eigenen Ressourcen nicht aus.

Finden Sie heraus, was Ihnen dabei hilft, wirklich abzuschalten. Musizieren, Sport, Lesen, Entspannungsübungen, Kino, Natur, Familie, Freunde, Ausflüge? Was bringt Sie auf andere Gedanken?

Suchen Sie sich in Ihrem Alltag ganz gezielt Möglichkeiten, um Auszeiten zu nehmen, und nutzen Sie diese Möglichkeiten auch!

Nehmen Sie Auszeiten nicht erst, wenn Sie bereits überlastet und erschöpft sind, sondern regelmäßig, damit Sie Überlastung und Erschöpfung vorbeugen und gesund bleiben.

Stärken Sie Ihre körperliche Verfassung durch ausreichend Bewegung und Schlaf, durch eine Balance aus Anspannung und Entspannung, durch eine gute Ernährung und eine bewusste Selbstfürsorge und Gesundheitsvorsorge.

Identifizieren Sie Stress- und Belastungsfaktoren in Ihrem Alltag und suchen Sie nach Möglichkeiten, diese zu minimieren oder gänzlich zu beseitigen.

Achten Sie auf körperliche und seelische Signale, die Ihnen Überlastung anzeigen, und ignorieren Sie sie nicht!

Stärken Sie auch Geist und Seele, indem Sie intellektuelle Herausforderungen annehmen, im Denken flexibel und für Neues offen bleiben, Ihre Kreativität ausleben, sich Wünsche erfüllen, Ihren eigenen Wertvorstellungen treu bleiben, Ihren persönlichen Bedürfnissen Rechnung tragen.

Ein echtes Ideal kann die Auffassung von Arbeit, nach der die Bezahlung nicht so wichtig sein soll, auch deshalb nicht sein, weil sie oft dazu führt, dass Menschen für die Arbeit ihre sozialen Beziehungen vernachlässigen. Denn ein zu geringes Einkommen erfordert in der Regel mehr Arbeitszeit, damit der notwendige Verdienst zusammenkommt. Die Zeit für soziale Beziehungen wird dann häufig knapp. Dabei sind Beziehungen so wichtig für unser Leben. Starke soziale Beziehungen geben uns Halt, machen uns glücklich und zufrieden, fangen uns auf, wenn wir einmal in Not sind oder es uns schlecht geht, und sie machen das Leben leichter. Sie dienen unserem eigenen Wohl, sind gut für unsere seelische und körperliche Gesundheit und auch für die Karriere. Sie gehören zweifellos zu den wichtigsten Dingen in unserem Leben – allen voran natürlich die privaten Beziehungen zur Familie, zur Partnerin, zum Partner, zu Freunden und Bekannten, doch genauso die Beziehungen im Berufs- und Geschäftsleben.

Doch bei einem zu hohen Arbeitspensum kann es schnell passieren, dass die aktive Beziehungspflege zur Nebensache wird und dass Unternehmer ihre Freundschaften oder familiären Beziehungen vernachlässigen. Dann werden wiederholt private Verabredungen abgesagt, weil ein wichtiger beruflicher Termin dazwischengekommen ist oder eine Deadline drängt. Selbst für die besten Freunde hat man nur noch wenig Zeit. Der Kontakt zu Eltern oder Geschwistern findet nur noch sporadisch statt. Und neue Freundschaften zu knüpfen, ist schon gar nicht mehr möglich. Dafür fehlt einfach die Zeit. – Doch dann geht Ihnen eines der wichtigsten und schönsten Dinge im Leben verloren: das große Glück, das aus tiefen Beziehungen zu anderen Menschen entsteht. Reflektieren Sie, ob Sie Ihr Sozialleben vernachlässigen, und ziehen Sie gegebenenfalls Konsequenzen. Fragen Sie sich dazu zum Beispiel:

- Wie oft habe ich in letzter Zeit eine private Verabredung mit Freunden, Bekannten, Verwandten abgesagt, weil es wegen der Arbeit nicht anders ging?
- Wie lange ist es her, dass ich mir richtig viel Zeit genommen habe für meine beste Freundin, meinen besten Freund?
- Habe ich so oft Kontakt zu meinen Eltern und Geschwistern, wie ich es mir wünsche und wie meine Familie es sich wünscht?
- Nutze ich Gelegenheiten, um neue Menschen kennenzulernen?
- Wann habe ich das letzte Mal eine Bekanntschaft aktiv vertieft, um daraus eine Freundschaft zu machen?

- Wann habe ich zuletzt einem Bekannten einen kleinen Gefallen getan?
- Zeige ich Freunden und Familie, dass sie mir wichtig sind?

Für mich ist klar: Genug Geld zu verdienen – und nicht gezwungen zu sein, zu viel zu arbeiten –, ist für Sie als Unternehmer eine Pflicht gegenüber sich selbst und ebenso gegenüber Ihrer Familie, Ihren Freunden und Ihrem Unternehmen. Ein Unternehmer, der sich zugunsten eines trügerischen Idealbildes selbst ausbeutet und unter Wert verkauft, schadet letztlich eben nicht nur sich selbst, sondern auch seinem sozialen Umfeld sowie seinem Unternehmen und seinen Angestellten. Oft wirkt der Schaden sogar in die gesamte Branche, denn durch selbstausbeuterisches Handeln werden branchenübliche Preise unangemessen niedrig gehalten und darüber hinaus auch Partner und Dienstleister in der Folge meist unter Wert bezahlt.

Sich selbst den materiellen Erfolg erlauben

Der materielle Erfolg ist für einen Unternehmer also kein willkommenes Extra, sondern ein unverzichtbarer Bestandteil der Unternehmung. Und dennoch zögern viele Selbstständige und Freiberufler, für ihr angemessenes Einkommen konsequent einzustehen. Und das auch, wenn alle Voraussetzungen – Qualifikationen, Qualität der Leistung, Kundenservice et cetera – stimmen.

Das kann verschiedene Gründe haben. Zum einen haben natürlich auch viele Unternehmer die beschriebene Idealvorstellung von der Arbeit als Selbstverwirklichung verinnerlicht und empfinden es deshalb selbst als Makel, wenn jemand nach einem hohen Einkommen strebt. Zudem wird eine gewisse Bescheidenheit bei den eigenen Ansprüchen von anderen oft positiver bewertet als der offensive Wunsch nach Wohlstand und Reichtum. Und was andere über einen denken, hat eben großen Einfluss auf das eigene Verhalten. Das überträgt sich dann unter Umständen auch auf das Verhältnis zu den Kunden. Wer von seinen Kunden als bescheiden und der

Eine Unternehmung kann auf Dauer nur gelingen, wenn Sie als Unternehmer damit auch ein gutes Einkommen erzielen.

Sache verpflichtet wahrgenommen werden möchte, wird dann vielleicht auch entsprechend bescheidenere Honorare ansetzen. Manchen Unternehmern ist jedoch auch gar nicht richtig bewusst, was sie tatsächlich alles zu bieten haben. Sie unterschätzen den Wert ihrer Leistungen und kalkulieren dementsprechend mit zu niedrigen Preisen und Tagessätzen. Oder sie haben einfach keinen klaren Überblick über den tatsächlichen Arbeitsaufwand und kalkulieren deshalb falsch.

Tipp

Beginnen Sie jetzt mit der Erfassung Ihrer Arbeitszeiten! In Sachen Zeiterfassung gibt es keine Ausreden mehr. Es gibt inzwischen so viele gute, praktikable und sogar kostenlose Tools zur Arbeitszeiterfassung per Computer oder Smartphone, dass Sie jetzt sofort damit beginnen können. Tun Sie es!

Ein besonders fataler Umstand, der dazu führen kann, dass Unternehmer sich keine hohen Einkommensziele erlauben, ist die Furcht davor, diese Ziele nicht erreichen zu können. Denn wenn man diese Ziele dann tatsächlich nicht erreicht, müsste man sich ja unter Umständen das eigene Scheitern eingestehen und die eigenen Qualitäten als Unternehmer auf den Prüfstand stellen. Angesichts dessen ist es dann manchmal einfach leichter, sich mit einem niedrigeren Lebensstandard zufriedenzugeben und so zu tun, als wäre das völlig in Ordnung.

Das alles – und sicherlich auch noch mehr – zusammengenommen führt dazu, dass viele Unternehmer es sich selbst gar nicht erst erlauben, gut verdienen zu wollen, und sich dann beim Geldverdienen selbst blockieren oder sogar sabotieren.

Aus falschen Gründen (falsche Bescheidenheit, fehlende Klarheit über den eigenen Wert et cetera) wird ein zu niedriges Honorar angesetzt.

Administrative Arbeiten, später entstandene Mehrarbeiten oder vor Auftragsvergabe erbrachte Leistungen (Vorrecherche, Meetings et cetera) werden nicht oder nur unzureichend mit einkalkuliert.

Die tatsächlich erbrachte Arbeitszeit wird nicht konsequent erfasst und dokumentiert, sodass auch für zukünftige Arbeiten die Klarheit über den zu erwartenden Aufwand fehlt.

Die Kalkulation erfolgt auf Grundlage alter Angebote, deren Preisangaben jedoch nicht mehr den aktuellen Verhältnissen entsprechen.

Eine harte Verhandlung mit dem – guten oder langjährigen – Kunden wird vermieden, um keine Konfrontation zu provozieren oder nicht Gefahr zu laufen, den Kunden vielleicht sogar zu verlieren.

Die Konkurrenz wird überschätzt und die eigene Leistung im Vergleich dazu abgewertet.

Man macht sich das Projekt des Kunden zu eigen und stellt die eigenen Bedürfnisse zurück, damit das Projekt gelingt. Davon profitiert meist jedoch in erster Linie allein der Auftraggeber.

Viele Unternehmer, mit denen ich solche Aspekte besprochen habe, fühlten sich zwar in gewisser Weise ertappt, waren allerdings auch froh, das Problem nun etwas klarer und konkreter zu erfassen. Deshalb ist es wichtig, dass Sie Ihr eigenes Verhalten und Ihre eigene Einstellung zum Thema Geldverdienen einmal genau unter die Lupe nehmen und überprüfen, ob Sie sich selbst den materiellen Erfolg überhaupt erlauben.

Work for Pay heißt jedoch auch: WORK for Pay!

Im Grunde genommen sollte es eine Selbstverständlichkeit sein: Wer gutes Geld verdienen will, der muss gute Arbeit leisten. Von nichts kommt nichts. Oder zumindest nicht nachhaltig. Kunden mit falschen Versprechungen zu locken und dann schlechte Qualität abzuliefern, wird nicht lange funktionieren. Außerdem sollte es zum Ethos jedes Unternehmers gehören, nicht nur eine angemessene Bezahlung einzufordern, sondern ganz selbstverständlich auch angemessene Leistung und Qualität zu liefern. Ich könnte es nicht lange mit mir aushalten, wenn ich auf Kosten der Kunden an der Qualität meiner Arbeit sparen würde oder ihnen grundsätzlich mehr Arbeitstage verkaufen würde, als ich tatsächlich erbracht habe. Das würde einfach nicht zu meinem Selbstbild als Unternehmer passen und mir bei der Arbeit auch keine Freude bereiten. Ich leiste gerne gute Arbeit. Mit schlechter Arbeit bin ich selbst unzufrieden und möchte damit auch nicht meinen Tag verbringen. Und ich möchte meine Kunden auch nicht hinters Licht führen, sondern ein partnerschaftliches, vertrauensvolles und langfristiges Verhältnis etablieren, von dem beide Seiten profitieren.

Unabhängig davon, dass es meiner Meinung nach für einen guten Unternehmer einfach eine Selbstverständlichkeit sein sollte, gute Arbeit zu leisten, macht es diese Einstellung auch viel leichter, für das eigene Einkommen konsequent einzustehen. Denn wenn Sie als Unternehmer wissen, dass Sie wirklich gute Arbeit leisten oder gute Produkte anbieten, dann fällt es Ihnen auch nicht schwer, sich selbst einen angemessenen Verdienst zu erlauben und Selbstsabotage beziehungsweise -blockade zu vermeiden. Das macht es auch deutlich einfacher, Preise und Honorare schlüssig zu argumentieren, da Sie an keiner Stelle herumzutricksen brauchen oder in Erklärungsnot geraten könnten. Außerdem verschafft es Ihnen ein tolles Gefühl, für Ihre gute Leistung eine entsprechend gute Bezahlung zu erhalten – und für eine gute Bezahlung eine entsprechend gute Leistung zu erbringen.

Lieber ein paar mehr Stunden aufschreiben?
Für ein kleines privates Vorhaben wollte ich einen Illustrator beauftragen, der mir ein Angebot mit einem Stundensatz und einem kalkulierten Arbeitsaufwand pro Illustration vorlegte. Den Stundensatz empfand ich als ziemlich

niedrig für eine künstlerisch-kreative Tätigkeit. Allerdings schien der Illustrator im Gegenzug für den niedrigen Stundensatz die Zahl der angesetzten Stunden recht großzügig veranschlagt zu haben. Weil ich in dieser Privatsache jedoch keine große Lust auf langes Verhandeln hatte, sprach ich ihn direkt darauf an und fragte ihn, ob mein Eindruck stimmte.

Nach etwas Herumlavieren und peinlich berührtem Zögern gab er schließlich zu, dass ich mit meinem Eindruck richtig lag, und wir kamen ins Gespräch darüber, warum er so vorging. Er erzählte mir, dass das in seinem Metier beinahe üblich wäre, weil die branchenüblichen Stundensätze so schlecht seien. Und er sähe keine andere Chance für sich, um auf ein angemessenes Honorar zu kommen. Er gab jedoch auch zu, dass ihn dieses Vorgehen schon das eine oder andere Mal in Erklärungsnot gebracht hatte (wie jetzt ja auch) und dass er sich damit auch nicht wirklich wohlfühlte, weil er seinen Kunden gegenüber ja immer ein Stück weit unehrlich war. Dabei bezahlten die Kunden effektiv gar nicht mehr, denn wenn der Illustrator die reelle Stundenanzahl ansetzen würde, wäre die einzelne Arbeitsstunde einfach deutlich teurer und es würde am Ende ungefähr die gleiche Summe herauskommen. Dennoch hatte der Illustrator ein schlechtes Gefühl dabei.

Ich bat ihn deshalb, für mich ein neues Angebot aufzusetzen mit einem Stundensatz, den er für erforderlich und angemessen hielt, und einem realistisch kalkulierten Arbeitsaufwand. In der Tat unterschied sich die neue Endsumme nur unwesentlich von der vorigen. Doch es war mir jetzt ein Leichtes, das Angebot anzunehmen, denn ich fühlte mich als Kunde fair behandelt und empfand den Stundensatz als angemessen.

Nach Abschluss der Arbeiten sprachen wir noch einmal über das Angebot und der Illustrator berichtete, dass er selbst überrascht davon war, wie gut es sich für ihn angefühlt hatte, ein echtes Angebot gemacht zu haben. Er hatte sich vorgenommen, ab jetzt zumindest bei Neukunden weiterhin so zu verfahren, schon deshalb, weil er sich so viel wohler fühlte.

2.2 Den eigenen Wert kennen

Eine wichtige Grundlage dafür, einen guten und adäquaten Verdienst zu erzielen, ist jedoch das klare Bewusstsein darüber, welche Leistungen man als Unternehmer erbringt und wie wertvoll diese Leistungen sind. Zur Arbeit eines Freiberuflers oder Selbstständigen gehört mehr, als den meisten bewusst ist. Es gibt sogar Unternehmer, die regelrecht ein schlechtes Gewissen haben, wenn sie deutlich mehr verdienen als ihre Angestellten. Das beobachte ich manchmal zum Beispiel bei Unternehmern, die sich aus einem Angestelltenverhältnis heraus selbstständig gemacht haben, jetzt erfolgreich sind und vielleicht sogar ehemalige Kollegen als Angestellte beschäftigen. Denen fällt es häufig schwer, zu akzeptieren, dass ihnen ein sehr gutes Einkommen zusteht, das unter Umständen auch deutlich über dem ihrer ehemaligen Kollegen liegt. Unternehmer zu sein, ist etwas völlig anderes als die Arbeit eines Angestellten. Und dabei geht es nicht nur um die reine Arbeitsleistung, sondern vor allem auch um die Gesamtheit der Unternehmensführung sowie um den besonderen persönlichen Einsatz, den Unternehmer leisten.

Die Unternehmensführung erfordert ein Allroundtalent

Als Freiberufler oder Selbstständiger sind Sie für das Unternehmen Ideengeber, Entscheider, Personalchef, Stratege, Planer, Organisator, Problemlöser, Initiator und Controller in einer Person. Und manchmal auch noch Hausmeister, Bürokraft oder Netzwerkadministrator. Sie sind der Dreh- und Angelpunkt des Unternehmens. Ihr unternehmerisches Handeln trägt die gesamte Unternehmung. Das ist eine Rolle, der nicht jeder gerecht werden kann und die einem Menschen eine ganze Menge abverlangt. Das beginnt bereits damit, dass eine Person überhaupt erst einmal die Bereitschaft braucht, die damit einhergehende Verantwortung zu übernehmen. Außerdem erfordert die Unternehmensführung eine Vielzahl von Qualitäten, Kenntnissen, Fähigkeiten und Kompetenzen, die die wenigsten Menschen von vornherein mitbringen, sondern sich vielmehr teils hart erarbeiten müssen.

Für viele Unternehmer gehört es beispielsweise einfach dazu, sich kontinuierlich weiterzubilden, oft auch ohne dass es explizit »Weiterbildung« genannt wird. Sie eignen sich einfach das Wissen und die Fähigkeiten an, die sie für den Unternehmensalltag brauchen. Das kann sowohl fachliche Fragen betreffen als auch beispielsweise Aspekte der Mitarbeiterführung, des Projektmanagements, der Buchhaltung, des Marketings, der Kundenkommunikation, des Arbeitsrechts oder auch Aspekte einer modernen Büroausstattung. Außerdem durchlaufen viele Unternehmer mit der Zeit wichtige persönliche Entwicklungsprozesse. Mit den Jahren werden sie zum Beispiel souveräner in Verhandlungen oder insgesamt selbstbewusster, schärfen ihren Blick für das Wesentliche, lernen, Prioritäten zu setzen, entwickeln ein zuverlässiges Gespür für aussichtsreiche oder auch weniger aussichtsreiche Ideen, agieren zunehmend selbst organisiert, eigenverantwortlich und unabhängig oder verbessern ihre rhetorischen Fähigkeiten. Das alles sind zum Teil langwierige und sehr anspruchsvolle Prozesse, die nicht leicht zu bewältigen sind – und die zu den eigentlichen Arbeitsaufgaben noch hinzukommen.

Man kann es nicht anders sagen: Menschen, die erfolgreich ein Unternehmen führen, vollbringen eine enorme Leistung und meistern große persönliche und fachliche Herausforderungen. – Viele von ihnen müssen nur noch lernen, genau das an sich selbst wertzuschätzen.

Der persönliche Einsatz von Unternehmern

Wie wertvoll das ist, was Unternehmer leisten, zeigt sich außerdem, wenn man einen Blick auf ihren ganz persönlichen Einsatz wirft und auf das Maß an Verantwortung, das Selbstständige und Freiberufler tragen. Sie gehen mit ihrem eigenen Unternehmen zum Beispiel ein hohes persönliches Risiko ein. Im schlimmsten Fall kann ihre gesamte geschäftliche wie auch private Existenz auf dem Spiel stehen. Mit ihrer Unternehmung tragen sie daher sehr viel Verantwortung für sich selbst und ihre Familien sowie für Angestellte, Lieferanten, Geschäftspartner und Kunden.

Viele Unternehmer verzichten zudem auf geregelte Arbeitszeiten, arbeiten meist mehr als ihre Angestellten und nehmen Einschränkungen im Privat- und Sozialleben in Kauf. Wenn Not am Mann ist, sind sie in der Regel ohnehin der erste Ansprechpartner für Kunden und Mitarbeiter. Das gehört bis zu einem gewissen Grad dazu, darf jedoch keine Ausmaße annehmen, die die Gesundheit ernsthaft gefährden oder das aktive Sozialleben zu sehr beeinträchtigen. Dennoch gehört es zum Alltag vieler Selbstständiger und Freiberufler. Darüber hinaus finanzieren sie ihre Altersvorsorge und Krankenversicherung zu großen Teilen oder sogar vollständig selbst, ebenso die Vorsorge für eventuelle Arbeitslosigkeit oder etwaige Verdienstausfälle durch Krankheit und Arbeitsunfähigkeit.

Mit ihrer unternehmerischen Tätigkeit leisten viele Unternehmer zudem einen wichtigen gesellschaftlichen Beitrag (neben dem wirtschaftlichen). Sie gestalten unsere Gesellschaft aktiv mit, zum Beispiel durch die Wertvorstellungen, an denen sich ihre Unternehmensführung, ihre Mitarbeiterpolitik und ihr geschäftliches Handeln orientieren. Mit innovativen Ideen und Lösungen, die sie in ihrem jeweiligen Fachgebiet entwickeln, geben sie Impulse, die auch für gesellschaftliche Fragestellungen oder politische Herausforderungen sehr wertvoll sein können.

Nicht nur große Konzerne, sondern auch kleine und mittelständische Unternehmen engagieren sich auf vielfältige Weise ...

... für ihre Mitarbeiter:
- Aus- und Weiterbildungsangebote
- individuelle/flexible Arbeitszeitgestaltung
- Gleichstellung ausländischer sowie körperlich beeinträchtigter Mitarbeiter und Bewerber
- Gesundheits- und Sicherheitsförderung
- Vereinbarkeit von Beruf und Familie (zum Beispiel Kinderbetreuung)
- Maßnahmen zur Frauenförderung
- Beachtung sozialer Mindeststandards bei der Lieferantenauswahl in Entwicklungsländern
- Einhaltung sozialer Mindeststandards in eigenen Produktionsstätten in Entwicklungsländern

... für die Umwelt:
- Reduzierung des Energieverbrauchs
- Maßnahmen zur Senkung des Ressourcenverbrauchs
- Entwicklung umweltfreundlicher Produkte/Dienstleistungen
- ökologische Bewertung bei Investitions- und Anschaffungsentscheidungen
- umweltfreundliche Herstellungsverfahren
- Maßnahmen zur Senkung von Emissionen
- Beachtung ökologischer Mindeststandards bei der Lieferantenauswahl

- Einsatz von regenerativen Energien
- Einhaltung ökologischer Mindeststandards in eigenen Produktionsstätten in Entwicklungsländern
- qualitative und quantitative Erfassung des Ressourcenverbrauchs
- zertifiziertes Umweltmanagementsystem

... für die Gesellschaft:
- Unterstützung von sozialen Einrichtungen
- Unterstützung von Arbeitsmarktinitiativen
- Unterstützung von Kulturinitiativen
- Unterstützung von Sportvereinen
- Unterstützung von Bildungsinitiativen
- Grundsätze für ethisch verantwortliches Marketing von Produkten/ Dienstleistungen
- Verfahren zur Vermeidung von Bestechung und Korruption
- Unterstützung von Umweltinitiativen

(Quelle: Studie »Gesellschaftliches Engagement in kleinen und mittelständischen Unternehmen in Deutschland«)

Vielen der Unternehmer, die ich kenne, sind Aspekte wie die genannten sehr wichtig. Sie wollen ihren gesellschaftlichen Beitrag leisten. Es geht ihnen nicht nur um den materiellen Gewinn, den das Unternehmen abwirft. Ganz bewusst treffen sie bestimmte unternehmerische Entscheidungen mit Blick auf ihre gesellschaftliche Verantwortung und ihre Gestaltungsmöglichkeiten.

Angesichts all dessen ist es eine Selbstverständlichkeit, dass Selbstständige, Freiberufler und Unternehmer Anspruch auf ein gutes Einkommen haben. – Für Sie ist es allerdings wichtig, sich absolute Klarheit darüber zu verschaffen, was Sie alles leisten und wie wertvoll Ihre Leistungen sind. Nur so können Sie selbst auch diese Selbstverständlichkeit verinnerlichen und konsequent für Ihre eigenen Ansprüche einstehen.

Unternehmer sind wertvolle Allroundtalente, die jeden Tag die vielfältigsten Leistungen erbringen.

2.3 Den gewünschten Lebensstandard finanzieren können

Nicht wenigen Unternehmern fällt es auch deshalb schwer, ihre (finanziellen) Ansprüche geltend zu machen, weil sie sich gar nicht vollständig im Klaren darüber sind, wie diese Ansprüche genau aussehen. Wie hoch soll mein Einkommen über das Notwendigste hinaus sein? Was ist ein gutes Einkommen? Wo ist die Grenze zum Zuwenig und gibt es beim Einkommen auch ein Zuviel? Wie viel verdienen die anderen? Und ist das dann der Maßstab? Wann beginnt der finanzielle Erfolg?

Es wäre unsinnig, an dieser Stelle anzufangen, für jede Branche, jeden Beruf, jede Tätigkeit eine Summe x zu notieren und damit das jeweilige »gute Einkommen« zu definieren. Es braucht hier stattdessen eine allgemeingültige Antwort, mit der alle Freiberufler und Selbstständigen etwas anfangen können. Für mich hat sich hier ganz eindeutig eine Definition bewährt, die mir bereits an verschiedenen Stellen begegnet ist und die ich überaus plausibel finde: Der finanzielle Erfolg eines Unternehmers beginnt dann, wenn er mit seinem Einkommen den Lebensstandard finanzieren kann, den er sich für sein Leben wünscht.

Definition: Finanzieller Erfolg

Der finanzielle Erfolg von Selbstständigen, Freiberuflern und Unternehmern beginnt dann, wenn sie mit ihrem Einkommen den Lebensstandard finanzieren können, den sie sich für ihr Leben wünschen.

Diese Definition hat den entscheidenden Vorteil, dass sie die Individualität jedes Menschen widerspiegelt. Denn mit dieser Definition ist auch die Schwelle zum finanziellen Erfolg individuell verschieden und orientiert sich daran, was Menschen sich für ihr Leben wünschen. Der eine wünscht sich für seine Familie eine schöne Wohnung mit kleinem Garten, jedes Jahr einen vierwöchigen Urlaub am Meer und eine gute Altersvorsorge. Der andere wünscht sich einen luxuriösen Lebensstil mit allem Drum und Dran. Und wieder ein anderer braucht nur wenig, um zufrieden zu sein, sofern auf der anderen Seite dafür genug Freizeit für ihn herausspringt. – Die guten Geschäfte des einen Unternehmers sind daher noch lange nicht die guten Geschäfte des anderen.

Ganz ausdrücklich möchte ich zum gewünschten Lebensstandard auch den Aspekt der persönlich verfügbaren Zeit hinzuzählen. Denn ich erlebe es immer öfter, dass Freiberufler oder Selbstständige nicht bereit sind, ihre gesamte Zeit dem Geldverdienen unterzuordnen und sich von der Arbeit diktieren zu lassen, wann und wie lange sie zu arbeiten haben. Sie möchten sich stattdessen zeitliche Freiräume erhalten und selbstbestimmt über ihre Zeit verfügen, um beispielsweise einem Hobby nachzugehen, viel Zeit mit ihren Kindern zu verbringen, Auszeiten zu nehmen, Zeit für sich selbst zu haben, sich sozial zu engagieren oder dergleichen mehr. – Ihr gewünschter Lebensstandard umfasst dann eben neben der finanziellen Größenordnung auch den Aspekt der ihnen verfügbaren Zeit. Nicht selten verzichten sie dafür auf ein höheres Einkommen und verstehen die gewonnene Zeit als erstrebenswerten Luxus. Doch auch das ist nicht immer so. Manchen Unternehmern gelingt sogar beides: eine ausgeprägte Zeitsouveränität und ein sehr hohes Einkommen. Und verblüffenderweise stieg bei den meisten von ihnen genau dann das Einkommen rapide an, als sie beschlossen, dass die Zeit von jetzt an wichtiger ist als das Geld.

Wenn sich Zeitsouveränität auszahlt

Ein befreundeter Mediator manövrierte sich vor einigen Jahren gefährlich nahe an seine Leistungsgrenze. Die Arbeit erfüllte ihn, machte ihm Spaß und gab ihm das gute Gefühl, anderen Menschen wirklich helfen zu können, und er genoss auch seinen finanziellen Erfolg sehr. Er arbeitete gern und viel.

Glücklicherweise fiel ihm rechtzeitig auf, dass das für den Moment zwar alles gut funktionierte, auf Dauer jedoch nicht schadlos durchzuhalten war. So beschloss er quasi von heute auf morgen, dass es Wichtigeres gäbe als viel Geld und dass er von nun an mehr Zeit für sich und seine Familie haben wolle.

Er begann damit, weniger gut bezahlte Aufträge, aber auch solche, die ihn zeitlich stark binden würden, abzulehnen. Er tat dies leichten Herzens, denn er wusste genau, warum. Das führte natürlich zu Einkommenseinbußen, doch er ärgerte sich nicht über entgangene Aufträge, sondern freute sich über gewonnene Zeit. Solange sein Lebensunterhalt gesichert war, war Zeit mehr wert als Geld. In Honorarverhandlungen agierte er deutlich souveräner und gelassener, denn er wollte ein Engagement nicht mehr um jeden Preis. Auch sein Auftreten als Mediator veränderte sich, da er auch hier mehr Gelassenheit und Souveränität ausstrahlte. Ein wichtiger Grund dafür war, dass die zusätzliche Zeit, die er mit seiner Familie verbrachte oder einfach für sich selbst hatte, ihn zufriedener machte.

Und mit der Zeit wurden die Aufträge, die ihm angeboten wurden, immer lukrativer und seine Leistung immer begehrter. Für schlecht bezahlte Engagements wurde er überhaupt nicht mehr angefragt und die Zahl der Anfragen an ihn stieg kontinuierlich. Er konnte plötzlich wählen zwischen »sehr gut bezahlt« und »außerordentlich gut bezahlt«. Und auch davon lehnte er einige Anfragen ab, weil er sonst beispielsweise am Geburtstag seiner Tochter hätte in einer anderen Stadt sein oder für mehrere Wochenenden hintereinander hätte arbeiten müssen. Nicht von allen Kunden erntete er dafür Verständnis, doch die meisten fragten bei nächster Gelegenheit wieder bei ihm an.

Inzwischen ist es so, dass dieser Mediator weniger arbeitet, mehr Zeit hat und deutlich mehr Geld verdient. – Und manchmal, so sagte er mir einmal, wunderte er sich selbst darüber.

3.
Pay for Work

Zu Beginn des vorangegangenen Kapitels ging es darum, dass es sich niemand leisten kann, kein Geld zu verdienen. Damit sind nun allerdings nicht nur Sie als Selbstständiger oder Freiberufler gemeint, sondern ganz genauso Ihre Lieferanten, Dienstleister, Mitarbeiter oder Geschäftspartner. Auch sie haben Anspruch auf einen guten Verdienst und darauf, dass ihre Leistungen angemessen bezahlt werden. Doch was heißt das jetzt für Sie als Unternehmer, der doch darauf zu achten hat, seine eigenen Kosten zu minimieren? Die anderen bei der Bezahlung dennoch so weit herunterhandeln, wie es irgend geht? Oder deren Ansprüche anerkennen und dafür auf einen Teil des eigenen Profits verzichten? Sind die anderen nicht selbst verantwortlich dafür, ihre Ansprüche durchzusetzen? – Wie würden Ihre Antworten auf diese Fragen aussehen?

3.1 Kein Profit auf Kosten anderer

Als Unternehmer agieren Sie nicht in einer abgeschlossenen Blase, in der Ihre Handlungen nur Sie selbst betreffen. Sie sind stattdessen mit Ihrer Unternehmung in einen gesellschaftlichen und teils sogar globalen Kontext eingebettet und Ihr unternehmerisches Handeln hat Auswirkungen auf Ihr Umfeld. Und je nach Reichweite Ihrer Unternehmung können diese Auswirkungen sogar weltweite Kreise ziehen. Deshalb tragen Sie als Unternehmer nicht nur Verantwortung für sich selbst, sondern auch für Ihr Umfeld, für Ihre Mitmenschen und für die Gesellschaft, in der Sie leben.

Welche Kreise zieht mein Handeln?

Vergegenwärtigen Sie sich einmal ganz konkret, in welche Richtungen und wie weit Ihr unternehmerisches Handeln wirkt. Welche anderen Unternehmen oder Personen werden davon beeinflusst? Mit welchen Auswirkungen? – Wählen Sie einen konkreten Fall aus, zum Beispiel einen Lieferanten, und versuchen Sie, die Folgewirkungen Schritt für Schritt nachzuvollziehen.

Die oben gestellten Fragen führen daher weiter zu grundsätzlicheren Fragestellungen, zum Beispiel: Wie wollen Sie mit anderen Menschen umgehen? Wie soll die Geschäftswelt/Gesellschaft aussehen, die Sie durch Ihr Handeln mitgestalten? Welche Auswirkungen soll Ihr unternehmerisches Handeln haben?

Das sind alles keine neuen Fragen. Beispielsweise gibt es schon seit dem Mittelalter die Idee vom »ehrbaren Kaufmann«, der nicht nur mit kaufmännischen Tugenden ausgestattet ist, sondern auch verantwortungsbewusst handelt gegenüber den Menschen und der Gesellschaft. Und auch Konzepte, die hinter Begriffen wie Unternehmensethik, Unternehmerethos oder Corporate Social Responsibility (CSR) stehen, sind längst etabliert. Die Europäische Kommission definiert zum Beispiel in einer Mitteilung an das Europäische Parlament Corporate Social Responsibility als »die Verantwortung von Unternehmen für ihre Auswirkungen auf die Gesellschaft«. Und die Unternehmensethik und das Unternehmerethos fragen nach den Wertvorstellungen, an denen sich Unternehmer und Unternehmen bei der Geschäftsführung orientieren sollten.

Für Sie geht es also nicht nur um das Erwirtschaften von Erträgen, sondern auch um Verantwortung sowie um persönliche und gesellschaftliche Werte. Und diese schlagen sich in einer Unternehmenskultur nieder, die von Fairness, Verlässlichkeit und Verantwortungsbewusstsein getragen wird und alle Bereiche des unternehmerischen Handelns umfasst.

Dienstleister und Lieferanten sind Unternehmer wie Sie

Es gibt durchaus Selbstständige und Freiberufler, die, wenn sie selbst Kunde sind, bei Lieferanten oder Dienstleistern stets auf niedrige Preise und Rabatte pochen oder ganz selbstverständlich Zugeständnisse beim Leistungsumfang erwarten. Alle Preisvorstellungen der anderen sind grundsätzlich zu hoch und völlig indiskutabel. Das eigene Budget ist leider, leider immer

Niemand kann es sich leisten, kein Geld zu verdienen – das gilt auch für Ihre Lieferanten, Dienstleister, Mitarbeiter und Geschäftspartner.

knapp. Und dieser eine bestimmte Posten lässt sich doch sicherlich als kostenlose Serviceleistung verbuchen. – Doch wie können diese Unternehmer erwarten, dass sie selbst gut bezahlt werden, wenn sie offensichtlich nicht bereit sind, andere Unternehmer gut zu bezahlen? Und wie vertrauensvoll können ihre Geschäftsbeziehungen sein, wenn die Geschäftspartner immer auf der Hut sein müssen, nicht übervorteilt zu werden? – Auch wenn man auf diesem Wege kurzfristig vielleicht an den eigenen Ausgaben etwas sparen kann, langfristig hat es deutlich mehr Vorteile, die eigenen Lieferanten und Dienstleister ebenfalls angemessen zu bezahlen.

Denn wenn Sie Ihre Dienstleister und Lieferanten gut bezahlen, tragen Sie mit dazu bei, dass nicht allerorten nur der niedrigste Preis über einen Auftrag entscheidet. Das kommt wiederum Ihnen selbst zugute, da es so auch für Sie einfacher sein wird, gute Preise durchzusetzen. Und wenn Sie fair und verlässlich agieren, bauen Sie sich nach und nach ein geschäftliches Netzwerk aus Partnern, Dienstleistern und Lieferanten auf, in dem ein positives und faires Geschäftsgebaren gepflegt wird. Durch eine faire Bezahlung verhindern Sie zugleich, dass die Selbstausbeutung von Selbstständigen und Freiberuflern gefördert wird und dass Dienstleister und Lieferanten den Preisdruck in Form von schlechten Gehältern an ihre Angestellten weitergeben. Und schließlich trägt eine faire Bezahlung erheblich zu einem guten geschäftlichen Miteinander bei. Sie dürfen zudem erwarten, für Ihr gutes Geld auch eine gute Gegenleistung zu erhalten – und werden diese auch viel eher bekommen als von einem Dienstleister, den Sie bis unter die Schmerzgrenze heruntergehandelt haben.

Ganz andere Dimensionen

Ein schönes Beispiel zum Thema faire Bezahlung wurde mir einmal von einem Werbetexter erzählt. Er wurde für eine kleinere Werbekampagne von einem großen Schweizer Unternehmen aus der Gesundheitsbranche angefragt und sollte ein Angebot für seine Leistungen abgeben. Er selbst arbeitete in

Deutschland und war mit den Schweizer Preisen nicht vertraut, wusste aber natürlich, dass in der Schweiz alles deutlich teurer ist, und setzte dementsprechend auch ein deutlich höheres Honorar an, als er es bei einem deutschen Kunden getan hätte.

Kurz nachdem er sein Angebot per E-Mail verschickt hatte, rief ihn der Schweizer Marketingchef des Unternehmens an und sagte ihm im Vertrauen, dass seine Preise zu niedrig seien und er ein neues Angebot schicken solle. Gesagt, getan, das Honorar noch einmal um fünfzig Prozent erhöht, Angebot abgeschickt. Prompt kam wieder ein Anruf aus der Schweiz. Der Werbetexter möge bitte noch ein neues, genauer gesagt ein »ganz neues« Angebot machen. Jetzt verstand der Werbetexter, dass er sich offenbar immer noch in völlig anderen Dimensionen bewegte als die Schweizer.

Mit etwas Überwindung vervierfachte er sein ursprüngliches Angebot, schickte es an den Marketingchef – und bekam danach keinen Anruf mehr aus der Schweiz. Erst zwei Tage später meldeten sich die Schweizer wieder. Mit einer Auftragsbestätigung.

Zweifellos konnte sich das Schweizer Unternehmen das hohe Honorar des Werbetexters problemlos leisten. Doch es hätte genauso gut sein viel zu niedriges Angebot akzeptieren können, um ein paar Ausgaben zu sparen. Hat es aber nicht.

Besonders wichtig erscheint mir in diesem Zusammenhang der positive Einfluss einer fairen Bezahlung auf die Geschäftsbeziehungen zu Ihren Dienstleistern und Lieferanten. Denn Geschäftsbeziehungen, in denen alle Beteiligten vertrauensvoll und verlässlich miteinander umgehen sowie den Wert der Leistungen gegenseitig anerkennen und nicht durch Preisdrückerei infrage stellen, sind stabiler und letztlich auch lukrativer. Wer sich als fairer Partner bewährt hat, ist auch auf lange Sicht ein gern gesehener Kunde und kann auf einen loyalen Auftragnehmer hoffen. So sind sich beide Seiten sicher, dass sie sich aufeinander verlassen können und dass jeweils fair kalkuliert wird. Als Auftraggeber wissen Sie dann zum Beispiel, dass eine Lieferung zum zugesagten Termin auch wirklich ankommen wird, und können Ihrerseits Ihrem Kunden einen verbindlichen Termin zusichern. Und ein zufriedener Auftragnehmer ist eher bereit, Ihnen auch einmal entgegenzukommen, wenn es wirklich darauf ankommt. Schließlich kann er sich hierbei sicher sein, dass Sie aufrichtig um sein Entgegenkommen bitten und ihm nicht etwas vorgaukeln, um einen Vorteil zu erschleichen. Nicht zuletzt vereinfachen stabile und langfristige Geschäftsbeziehungen auch die Abwicklung von Projekten, da Absprachen und Abstimmungsprozesse leichter von der Hand gehen und manchmal auch auf dem kleinen Dienstweg laufen können. Das spart Zeit, Arbeit und Geld.

Tipps für die Unternehmenspraxis

Behandeln Sie Ihre Lieferanten und Dienstleister auch in Preisverhandlungen so, wie Sie selbst als Unternehmer behandelt werden möchten. Mit Wertschätzung für die Leistung, Vertrauen in die Kalkulation und Respekt vor den Anspruch auf eine angemessene Bezahlung.

Lehnen Sie ein Angebot nicht aus Prinzip erst einmal als zu teuer ab, sondern nur dann, wenn es gute Gründe dafür gibt.

Bezahlen Sie die Rechnungen Ihrer Lieferanten und Dienstleister pünktlich.

Nutzen Sie eine etwaige Not- oder Zwangslage von Auftragnehmern nicht aus.

Stellen Sie zukünftige oder langfristige Aufträge, für die Sie beim Preis ein Entgegenkommen erwarten, nur dann in Aussicht, wenn Sie es damit auch ernst meinen.

Machen Sie sich bewusst, dass Lieferanten und Dienstleister vor allem eines sind: Ihre Geschäftspartner.

Faire Bezahlung der Mitarbeiter

Das Gebot der fairen Preise gilt selbstverständlich genauso für Ihre Angestellten, die ebenfalls Anspruch auf eine angemessene Bezahlung haben. Und dabei geht es gar nicht nur um Mindestlohn und rechtliche Vorgaben, sondern vor allem um die Beziehung zwischen dem Unternehmer und seinen Angestellten. Auch hier sollten unbedingt Vertrauen, Verlässlichkeit und Fairness herrschen. Denn auch für Mitarbeiter ist es wichtig, dass sie die Sicherheit haben, nicht übervorteilt zu werden. Zwar können sicherlich viele der höher qualifizierten Mitarbeiter sehr gut selbst für ihre Ansprüche einstehen und auf Augenhöhe um ihr Gehalt verhandeln, zumal sie in manchen Branchen tatsächlich auch am längeren Hebel sitzen und sich die Jobs aussuchen können. Doch viele einfache oder auch unerfahrene Angestellte stehen vor einer anderen Situation. Sie sind eben keine versierten und selbstbewussten Verhandler und können oft nicht zwischen verschiedenen Jobangeboten wählen, sondern bewerben sich – je nach Branche – mit vielen anderen um eine freie Stelle. Manchmal haben sie auch gar nicht das notwendige Wissen über branchenübliche Gehälter und Vertragsbedingungen, sodass sie in Verhandlungen recht leicht übertrumpft werden könnten. Und die Sorge, aufgrund der eigenen Gehaltsansprüche eine Stelle vielleicht zu verlieren oder nicht zu bekommen, sitzt vielen Angestellten im Nacken, insbesondere in Branchen, wo die Arbeitsmarktsituation sehr angespannt oder der Preisdruck sehr hoch ist. Das alles schwächt die Verhandlungsposition von vielen Angestellten, was sich leicht ausnutzen ließe. Für einen Unternehmer ist es allerdings nicht ratsam, dies zu tun. Schließlich brauchen Sie Angestellte, denen Sie vertrauen können. Und die erste Voraussetzung dafür ist, dass die Angestellten auch Ihnen vertrauen können. Wenn ihre schwächere Position allerdings bereits bei den Gehaltsverhandlungen ausgenutzt wurde, wird es schwer werden mit dem vertrauensvollen Verhältnis.

Einfluss auf dieses Verhältnis hat in Gehaltsfragen jedoch nicht nur die Höhe des Gehaltes, sondern auch der Umstand, ob es zuverlässig und pünktlich bezahlt wird. Arbeitgeber, die die Auszahlung der Gehälter hinauszögern, um beispielsweise eigene finanzielle Engpässe zu überbrücken, werden das Vertrauen und den guten Willen ihrer Angestellten schnell verspielen. Sie machen auf diese Weise ihre eigenen unternehmerischen

Probleme zu den Privatproblemen ihrer Angestellten, die dann zusehen müssen, dass sie ihre Miete bezahlen können. Letztlich erzielen diese Unternehmer so einen finanziellen Vorteil auf Kosten ihrer Angestellten, die ihren Teil der Vereinbarung jedoch bereits geliefert haben. Für einen souveränen Unternehmer ist das keine akzeptable Option.

Kann ich mir Angestellte überhaupt leisten?

Insbesondere für Jungunternehmer und Entrepreneure ist die Frage, ob sie sich Angestellte überhaupt leisten können, oft gar nicht so leicht zu beantworten. Es fehlen ja häufig noch die Erfahrungswerte für eine belastbare Prognose über die zukünftige Auftragslage und auch über das Kosten-Nutzen-Verhältnis, das sich aus der Festanstellung eines Mitarbeiters ergibt.

Für kleinere Unternehmen, die oft keine großen finanziellen Reserven haben, kann eine Fehleinschätzung an dieser Stelle durchaus große Probleme nach sich ziehen. Schließlich sind die Gehälter auch dann jeden Monat fällig, wenn die Umsätze einmal nicht so üppig ausfallen. Das kann schon ein recht großes Risiko darstellen.

Für Unternehmer ist es daher sehr wichtig, genau zu kalkulieren, ob die Einstellung eines Mitarbeiters geschäftlich sinnvoll ist. Es ist unbedingt ratsam, sich in dieser Frage professionell beraten zu lassen, zum Beispiel durch die eigenen Steuerberater oder auch durch brancheneigene Kammern oder Verbände.

Zur ganz groben Orientierung gibt es die Faustregel, dass ein Mitarbeiter mindestens das Drei- bis Dreieinhalbfache seines Bruttogehaltes umsetzen muss, damit sich die Anstellung für das Unternehmen rechnet. – Schon das lässt erahnen, dass die Einstellung eines Mitarbeiters kein finanzieller Selbstläufer ist und wohlüberlegt sein sollte.

Kein Profit auf Kosten der Gesellschaft

»Pay for Work« bezieht sich im übertragenen Sinne auch auf die Leistungen, die von der Gesellschaft erbracht werden und deren Nutznießer alle Mitglieder der Gesellschaft sind. Unternehmer und Unternehmen haben theoretisch viele Möglichkeiten, um einige ihrer Kosten an die Allgemeinheit weiterzureichen. Ein Negativbeispiel ist das schöne Wort »Steueroptimierung«. Es bezeichnet die Strategie, alle möglichen Steuertricks und steuerrechtlichen Schlupflöcher oder Grauzonen zu nutzen, um die eigene Steuerlast so weit wie möglich zu minimieren. Selbstverständlich brauchen Sie als Unternehmer nicht mehr Steuern zu zahlen als erforderlich. Doch die Praxis der Steueroptimierung hat inzwischen teils so extreme Auswüchse angenommen, dass sie nicht mehr zu vereinbaren ist mit einem Unternehmerethos, das auch die Wahrnehmung gesellschaftlicher Verantwortung miteinbezieht. Denn im Ergebnis entgehen damit der Gesellschaft wichtige Steuereinnahmen, sodass der zusätzliche Profit des Unternehmers letztlich zulasten der Gemeinschaft geht.

Ein positives Gegenbeispiel sind Unternehmen, die ihrer gesellschaftlichen Verantwortung gerecht werden, indem sie zum Beispiel selbst in den Umweltschutz investieren und der Gemeinschaft keine zusätzlichen Kosten aufbürden, die durch Umweltverschmutzung und deren Folgen entstehen. Auch Unternehmer, die ihre Angestellten angemessen und fair bezahlen und für gute Arbeitsbedingungen sorgen, handeln damit gegenüber der Gesellschaft und ihren Mitmenschen verantwortlich. Bei global agierenden Unternehmen erweitert sich dieser Verantwortungsbereich beispielsweise auch auf Mitarbeiter, die im Ausland für das Unternehmen oder dessen Zulieferer tätig sind, wo unter Umständen niedrigere Standards bei der Bezahlung, den Arbeitsbedingungen, der Sicherheit oder beim Umweltschutz gelten. Bei Unternehmen wächst zunehmend das Bewusstsein dafür, dass es ethisch nicht vertretbar ist, diese schlechten Standards hinzunehmen, um selbst mehr Profit zu machen.

Keine Frage, als Unternehmer haben Sie nichts zu verschenken und es erwartet auch niemand von Ihnen, dass Sie etwas verschenken. Doch gehen Sie andersherum auch nicht davon aus, dass andere – Auftragnehmer, Angestellte, Ihre Mitmenschen oder die Gesellschaft – etwas zu verschenken

Die Leistungen anderer angemessen zu honorieren, ist auf die eine oder andere Art immer auch eine Investition in das eigene Unternehmen.

haben, sondern respektieren Sie deren Ansprüche genauso, wie Sie erwarten, dass Ihre Ansprüche respektiert werden.

Die beschriebenen Aspekte – angefangen bei der fairen Bezahlung von Auftragnehmern und Angestellten bis zur gesellschaftlichen Verantwortung – verdeutlichen, dass das unternehmerische Handeln mehr ist, als einfach nur seinen Lebensunterhalt zu verdienen. Als Unternehmer tragen Sie viel Verantwortung und stehen auch vor der Herausforderung, sich ethischen und gesellschaftlichen Fragen zu stellen. Deshalb wiederhole ich zum Abschluss noch einmal die Fragen vom Anfang dieses Abschnittes: Wie wollen Sie mit anderen Menschen umgehen? Wie soll die Geschäftswelt/Gesellschaft aussehen, die Sie durch Ihr Handeln mitgestalten? Welche Auswirkungen soll Ihr unternehmerisches Handeln haben? – Finden Sie Ihre persönlichen Antworten auf diese Fragen!

3.2 Sie sind Unternehmer, kein Buchhalter

Es ist eine Sache, sich dafür zu entscheiden, keinen Profit auf Kosten anderer zu machen. Es ist eine andere Sache, diese Entscheidung in der Praxis tatsächlich umzusetzen, anstatt vorrangig zu versuchen, die eigenen Ausgaben so weit wie möglich zu minimieren. Doch auch wenn es vielleicht schwerfällt: Es ist wichtig, dass Sie wie ein Unternehmer denken und nicht wie ein Buchhalter. Ein Buchhalter hat in erster Linie die Kosten im Blick und sein Ziel ist es, dass am Ende des Quartals die Bilanz stimmt. Doch ein Unternehmer richtet seinen Blick auf das große Ganze und denkt langfristig. Und in diesen größeren Zusammenhängen ist eine Geldausgabe – insbesondere wenn sie verwendet wird, um die Leistungen anderer zu honorieren – mehr als nur ein Posten in der Bilanz. Sie ist auf die eine oder andere Art immer auch eine Investition in das eigene Unternehmen und damit letztlich auch in das eigene Einkommen.

Unternehmerethos als Wettbewerbsfaktor

Investitionen dieser Art können sich auf unterschiedliche Weise auszahlen. So kann es sich zum Beispiel positiv auf das eigene Image auswirken oder zum Alleinstellungsmerkmal werden, wenn ein Unternehmen ethisch handelt und dies auch gezielt an Kunden, Interessenten und Partner kommuniziert. Nicht umsonst kommt praktisch kein großes Unternehmen mehr ohne eine CSR-Abteilung aus. Doch auch im kleineren Maßstab lässt sich das Unternehmerethos zur Imagepflege und damit als Wettbewerbsfaktor einsetzen. Zum Beispiel:

Trend zum verantwortungsvollen Unternehmen

Bei nicht wenigen Unternehmen findet man öffentlich einsehbare ethische Richtlinien oder Leitbilder. Darin werden die Unternehmensgrundsätze zu verschiedenen Aspekten des unternehmerischen Handelns formuliert, wie zum Beispiel:

- *soziale Verantwortung (Schutz der Menschenrechte, keine Zwangs- oder Kinderarbeit, keine Diskriminierung, keine Geschäftsbeziehungen zu Unternehmen, die diese Grundsätze nicht respektieren)*
- *persönliche Verantwortung des Einzelnen (Einhalten der Richtlinien als individuelle Aufgabe, persönliches Verantwortungsbewusstsein, Gewissenhaftigkeit)*
- *Umgang mit Mitarbeitern (faire Bezahlung, Arbeitsschutz, gute Arbeitsbedingungen)*
- *Umgang mit Lieferanten (Fairness, Respekt)*
- *Loyalität gegenüber den Kunden (Qualität liefern, fairer Umgang)*
- *Maßgaben zu Umweltschutz und Energieeffizienz*
- *strikte Ablehnung von Bestechung und Korruption*
- *vertraulicher Umgang mit Daten und Informationen*
- *ethische Grundsätze für Geldanlagen*

Zunahme an Fairtrade- und Biosiegeln

Insbesondere in der Lebensmittelbranche, zunehmend jedoch auch im Bereich der Herstellung und des Vertriebs von Bekleidung gewinnen faire und umweltgerechte Produktions- und Handelsbedingungen als Imagefaktor an Bedeutung. Unternehmen zeigen dies zum Beispiel durch die Verwendung von entsprechenden Fairtrade- oder Biosiegeln auf ihren Produkten. Kunden, die den Wunsch haben, fair und umweltbewusst zu konsumieren, achten bewusst auf solche Siegel oder informieren sich über die Geschäftspraktiken von Anbietern.

Transparenz gegenüber Partnern und Aufzeigen von Sponsorings

Es gibt Unternehmen, die ganz bewusst eine Transparenzpolitik gegenüber Kunden und Partnern pflegen. Sie wollen auf diese Weise ihre Glaub- und Vertrauenswürdigkeit unter Beweis stellen, um Vertrauen zu gewinnen und zu festigen. Dafür werden Informationen offengelegt, die üblicherweise als Interna gelten, zum Beispiel über Zulieferer, Handelswege, Investoren und Investitionen, Kooperationen und Partnerschaften et cetera. Eine beinahe schon klassische Form, in der sich das Unternehmerethos auch für die Öffentlichkeit wahrnehmbar zeigt, ist die finanzielle oder materielle Förderung von gesellschaftlichem Engagement durch Sponsoring oder Spenden.

Aktivitäten und Handlungsweisen, mit denen Ihr Unternehmerethos zum Ausdruck kommt, kosten in der Regel zunächst einmal Geld, ohne dass sie auf direktem Wege Einnahmen generieren, die sich eindeutig in einer Bilanz verbuchen ließen. Einem Buchhalter würde das vermutlich nicht gefallen. Doch Sie als Unternehmer sehen das Potenzial, das darin steckt. Von Kunden und Partnern werden Sie als verantwortungsbewusster und engagierter Unternehmer wahrgenommen, Sie haben ein positives Image und unterscheiden sich dadurch von anderen Anbietern. – Ihre Investition in verantwortungsvolles unternehmerisches Handeln wird so zu einer Investition, die Ihnen selbst zugutekommt.

Ein Zertifikat? Nicht um jeden Preis!

Bei einem Gespräch mit der Köchin eines meiner Lieblingsrestaurants erfuhr ich einmal aus erster Hand, dass die Sache mit den Zertifikaten durchaus eine zweischneidige Sache ist. Denn damit, dass man die Bedingungen für ein Zertifikat erfüllt, ist es nicht getan. Die Aussteller von Zertifikaten lassen sich das in der Regel gut bezahlen. Das hat natürlich seine Berechtigung, da sie mit der Zertifizierung ihrerseits eine Leistung erbringen und ein Zertifikat für ein Unternehmen ja durchaus einen wichtigen geschäftlichen Vorteil bringen kann. Doch alles hat seine Grenzen. Und die waren bei meiner Lieblingsköchin jetzt offenbar erreicht.

Ich kam nämlich zufällig vorbei, kurz nachdem sie den Mitarbeiter der Zertifizierungsstelle eines Biosiegels quasi aus dem Restaurant geworfen hatte. Dementsprechend aufgebracht erzählte sie mir von ihrem Ärger.

Schon seit Jahren würden die Dokumentationspflichten für das Zertifikat immer weiter ausgedehnt, und zwar in einem Maße, das sie in ihrem kleinen Restaurant und mit dem selbst angebauten Obst und Gemüse oder den vielen selbst hergestellten Zutaten gar nicht mehr realisieren könne. Außerdem würde das Zertifikat, das jährlich erneuert werden muss, jedes Jahr teurer. Und bei diesem Mal wurden so abstruse, unrealistische und über alle Maßen aufwendige Anforderungen an die Dokumentation gestellt, dass die Zertifizierung für die Köchin kaum noch möglich war. Als dann noch klar war, dass die Ausstellung des Zertifikats wieder einmal deutlich mehr kosten sollte als im Vorjahr, reichte es der Köchin. Sie brach die Überprüfung des Zertifizierers ab, sagte ihm, dass sie ab sofort auf das Zertifikat verzichten würde, und komplimentierte ihn aus dem Restaurant.

»Dann geht es eben ohne Zertifikat! Unsere Gäste wissen sowieso, dass wir nur regional und bio kochen. Dafür brauche ich keinen zweitausend Euro teuren Stempel!«

Investitionen ins Geschäft sind Investitionen in Ihr eigenes Einkommen

Der Grundsatz »Pay for Work« – also, dass Sie Mitarbeiter, Dienstleister und Lieferanten für ihre Leistungen angemessen bezahlen – liegt letztlich in Ihrem ureigensten Interesse als Unternehmer. Denn Mitarbeiter, Dienstleister und Lieferanten sind andererseits auch Konsumenten, Kunden und Auftraggeber. Sie bringen das Geld in Umlauf, von dem über kurz oder lang jemand anderes Ihre Leistungen bezahlen wird. Wenn diese Menschen nun jedoch für ihre Arbeit schlecht bezahlt werden und sich demzufolge bei ihren privaten oder auch ihren eigenen geschäftlichen Ausgaben einschränken müssen, dann macht sich das irgendwann auch bei Ihren Umsätzen bemerkbar. Und dann nützt es Ihnen bald nicht mehr besonders viel, dass Sie zuvor vielleicht einige Euros eingespart haben. Besser wäre es gewesen, diese Euros in Ihre Mitarbeiter oder Auftragnehmer zu investieren und damit Chancen auf neue eigene Umsätze zu generieren. Ein Unternehmen kann langfristig nur Bestand haben, wenn es kontinuierlich in Bewegung ist, Umsätze macht, Werte schafft, Geld ausgibt und Geld einnimmt. Als Unternehmer sollte es Ihnen allein schon aus diesem Grund unbedingt ein Anliegen sein, dass alle an einem Geschäft Beteiligten vernünftig bezahlt werden.

Es spricht jedoch noch mehr dafür, gute Leistungen auch gut zu honorieren. Schließlich beeinflussen Sie mit der Höhe Ihrer Zahlungen unter Umständen das Preisniveau Ihrer eigenen Branche und damit auch Ihre eigenen Einkommenschancen. Es kommt beispielsweise nicht selten vor, dass Freiberufler oder Selbstständige bei Auftragsspitzen Kollegen engagieren, um eigenen Kunden keine Aufträge absagen zu müssen und alle Termine einhalten zu können. Wer bei dieser Gelegenheit anfängt, massiv die Preise zu drücken, denkt einfach zu kurz. Schließlich würden Sie damit innerhalb Ihrer eigenen Branche niedrige Preise etablieren für Leistungen, die Sie selbst anbieten. Wenn viele Akteure so handeln, kann das im Extremfall das Preisniveau der gesamten Branche beeinträchtigen und dazu führen, dass Sie Ihre eigenen Preise nicht mehr durchsetzen können. – Damit hätten Sie Ihrem Unternehmen einen echten Bärendienst erwiesen.

Wie häufig hört man von Unternehmern die Klage, dass Billiganbieter die Preise kaputt machen würden. Doch gar nicht so selten tragen eben jene Unternehmer mit dazu bei, dass sich Billiganbieter überhaupt etablieren können. – Für Sie als Unternehmer ist es deshalb wichtig, bewusst und mit Weitsicht zu agieren und bei aller Kostenminimierung die unternehmerische Perspektive nicht aus den Augen zu verlieren.

4.

Verkaufen Sie sich
nicht unter Wert

● ● ● ● ● ● ● ● ● ● ● ● ● ● ● ● ● ● ●

Unternehmer leben in der Regel ausschließlich von dem Geld, das sie durch ihr Unternehmen einnehmen. In Anbetracht dieser Tatsache ist es erstaunlich, mit welchem Unbehagen sich die meisten Unternehmer mit den eigenen Preisen befassen. Eine Folge davon ist, dass die Suche nach dem richtigen Preis bei nahezu jedem Auftrag wieder von vorn beginnt. So entsteht die paradoxe Situation, dass sich ausgerechnet die Unternehmer, die das Thema Preise vernachlässigen, permanent und immer wieder erneut damit befassen müssen – und dann meist zum eigenen Nachteil zu geringe Honorare veranschlagen.

Das gilt umso mehr, wenn die eigenen Preise unentschlossen kommuniziert und mit zahlreichen Einschränkungen (»Da werden wir uns schon einig«) versehen werden. Kaum ist der Preis genannt, kommt der Rückzieher gleich hinterher. Das ist nicht der richtige Weg, um ein gutes Einkommen zu sichern.

Schon Auszubildende in allen kaufmännischen Berufen lernen gleich im ersten Lehrjahr an der Berufsschule, dass Preise nicht gewürfelt, sondern solide kalkuliert werden. Eine solche solide Kalkulation ist die Grundlage für alle Preise Ihres Unternehmens und für alle Preisverhandlungen.

4.1 Richtig kalkulieren

Wenn Sie sagen, die Preiskalkulation sei das eine, die kalkulierten Preise im Markt durchzusetzen, etwas völlig anderes, stimmt das nur sehr bedingt. Was allerdings tatsächlich schwierig ist, ist, höhere Preise durchzusetzen, ohne die Preise zuvor genau kalkuliert zu haben. Das hat seinen Grund: Eine solide Kalkulation hilft Ihnen nicht nur dabei, den Preis zu berechnen, den Sie brauchen, um die nötigen Gewinne zu erzielen. Sie verschafft Ihnen auch Klarheit darüber, was Sie alles leisten und welchen

Wert diese Leistung hat – und liefert Ihnen damit hervorragende Argumente, um die kalkulierten Preise auch tatsächlich durchzusetzen. Zudem schützen Sie sich zugleich davor, sich unter Wert zu verkaufen.

In der Praxis beginnen viele Selbstständige, Freiberufler und Unternehmer bei der Preiskalkulation auf der falschen Seite, indem sie sich fragen, was der Kunde wohl zu zahlen bereit ist. Solche Gedankenspiele sind natürlich keine Kalkulation, sondern eine Folge von Unsicherheit. Diese Unsicherheit basiert vordergründig auf dem allgemeinen Preiskampf infolge des Wettbewerbs. Und ja, es gibt immer einen Anbieter, der, wenn auch nicht unbedingt günstiger, seine Leistungen doch billiger anbietet. Wir denken also, die Preise seien im Keller und dass mehr einfach nicht rauszuholen sei. Ist das wirklich so oder doch eher unser innerer Preiskampf? Meist ist es Letzteres. Nur weil wir glauben, dieses oder jenes seien die marktüblichen Preise, schrauben wir den Preis immer weiter runter und versuchen es gar nicht erst mit einer sauberen Kalkulation.

Gerade deshalb ist es erforderlich, möglichst genau zu kalkulieren. Denn wenn Sie nicht exakt wissen, welche Preise Sie ansetzen müssen, gehen Sie das Risiko ein, Ihre Leistungen oder Produkte viel zu günstig zu verkaufen. Und das kann sich kein Unternehmer auf Dauer leisten. Außerdem: Wer zu wenig verdient, muss mehr arbeiten – das allerdings ist eine Rechnung, die zumindest auf Dauer nicht aufgeht. Denn dafür brauchen Sie nicht nur noch mehr Aufträge, sondern auch mehr Energie und Zeit. Beides ist nicht unbegrenzt verfügbar. Wer sich zu viel zumutet, fühlt sich schon bald wie im Hamsterrad und verliert so obendrein noch die Freude an der Arbeit.

Kalkulieren Sie Ihre Preise also sehr genau. Das gilt sowohl für generelle Stundensätze oder Preise als auch für jedes Angebot, das Sie erstellen. Berücksichtigen Sie dabei alle anfallenden Arbeiten und auch die nötigen Rücklagen, die Sie brauchen. Denn kein Selbstständiger kann hundert Pro-

Sie brauchen sauber kalkulierte Preise.

zent seiner Arbeitszeit allein für die Auftragsbearbeitung einsetzen. Das ganze Drumherum der Selbstständigkeit bildet einen nicht unerheblichen Posten und muss sich in den Stundenpreisen widerspiegeln. Berücksichtigen Sie bei Ihrer Kalkulation daher tatsächlich alle Kosten. Und setzen Sie Ihre Arbeitszeit nicht zu hoch an. Dazu eine kleine Rechnung.

So viele Arbeitstage können Sie pro Jahr verkaufen: 219!

Das Jahr hat bekanntlich **365** Tage, allerdings weit weniger Arbeitstage. Realistisch sind circa **219** Tage pro Jahr.

Das errechnet sich wie folgt:

365 Tage im Jahr

- **104** Tage an Wochenenden.
- **25** Urlaubstage (Die kommen übrigens auch dann schnell zusammen, wenn Sie nicht fünf Wochen am Stück Urlaub nehmen – ein verlängertes Wochenende hier, ein paar Tage dort, die Woche zwischen Weihnachten und Neujahr. Das läppert sich.)
- **10** Feiertage
- **7** Tage, die durchschnittlich jeder Deutsche pro Jahr krank ist.
= **219** Arbeitstage bleiben im Schnitt übrig.

Bei täglich acht Stunden Arbeit und einer Arbeitsauslastung von 60 Prozent bezahlten Aufträgen (was bereits ein guter Wert ist) kommen Sie pro Jahr auf 1.051 bezahlte Arbeitsstunden. Diese Stunden bleiben Ihnen, um den Gewinn zu erwirtschaften. Und dabei kommt es natürlich darauf an, mit welchem Wert (also Stundensatz) Sie jede einzelne Stunde multiplizieren.

Selbstverständlich können Sie an ein paar Stellschrauben drehen und sagen, dass Sie auch an einigen Wochenenden arbeiten, dass Sie weniger Urlaub nehmen und seltener krank sind und nicht acht, sondern zehn

Stunden pro Tag arbeiten. Doch das hat seine Grenzen. Es geht immer darum, von einem Arbeitspensum auszugehen, das auf Dauer – also über viele Jahre hinweg – realistisch ist.

Tipp

Wenn Sie eine Zeiterfassung durchführen, nutzen Sie diese auch, um den zeitlichen Aufwand für das Drumherum zu ermitteln. Sie können dafür entweder alle bezahlten Arbeitsstunden einer Woche oder eines Monats zusammenrechnen und diese Summe von Ihrer Gesamtarbeitszeit abziehen. Oder Sie erfassen die Drumherum-Zeiten als separaten Posten. – Ich bin mir sicher, so oder so werden Sie vom Ergebnis überrascht sein.

Die bezahlte Anzahl an Arbeitsstunden ist eine wichtige Größe. Doch leider ist Ihre Arbeitszeit multipliziert mit dem Stundensatz noch lange kein Gewinn. Die zweite Größe sind Ihre jährlichen Betriebskosten wie Büromiete, Betriebsmittel, Geschäftswagen, Telefon, Internet et cetera. Die folgende Übersicht gibt Ihnen einen guten Einblick.

Die wichtigsten Betriebskosten bei Selbstständigen und Freiberuflern

- Büromiete
- Betriebsmittel, Bürobedarf
- Personal
- Werbung
- Reisekosten
- Geschäftswagen
- Betriebsausstattung
- Rücklagen für Neuanschaffung und Instandsetzung
- Versicherungen
- Energiekosten
- Steuerberatung und Steuern
- Reinigung
- Telefon, Internet, Website
- Weiterbildung
- Fremdleistungen
- Personalkosten
- Kredite

Denken Sie bei der Erfassung Ihrer Betriebskosten daran, auch die kleineren Posten mit in die Rechnung einzubeziehen. Obendrein benötigen Sie noch Rücklagen für unvorhersehbare Kosten, für mögliche Honorarausfälle, Rechtsstreitigkeiten und natürlich für Einkommens- und Vorsteuerzahlungen an das Finanzamt. – Auch ohne jeweils konkrete Zahlen zu nennen, sehen Sie schon, dass hier ganz gewiss ein ordentlicher Betrag zusammenkommt. Nutzen Sie unbedingt die Gelegenheit, einmal bis ins Detail Ihre Kosten und Ihre Stundensätze zu kalkulieren. Vergessen Sie dabei auch einen weiteren großen Posten nicht: Ihre durchschnittlichen Privatausgaben, die übrigens ebenfalls häufig viel zu gering angesetzt werden. Setzen Sie auch hier tatsächlich alle Kosten für Ihren gewünschten Lebensstandard an und zusätzlich wieder einen Betrag für ungeplante Ausgaben, die auch im privaten Bereich ganz gewiss immer wieder einmal anfallen.

Ehrliche Kalkulationen sind die Basis für angemessene Preise und Honorare

Wenn Sie die Ergebnisse Ihrer Kalkulation mit den üblichen Honoraren, die Sie in Rechnung stellen, vergleichen, kann das unter Umständen für Ernüchterung sorgen. Ein wesentliches Ziel der Kalkulation ist, dass Sie die Preise klar vor Augen haben, die Sie ansetzen müssen. Die Kalkulation bewirkt ein Wachrütteln, das oft auch dringend nötig ist. Denn es gibt viel zu viele Selbstständige, die sich auch nach etlichen Jahren im Geschäft von Monat zu Monat durchwursteln oder sich gar permanent am Rande des Abgrunds bewegen. Viele Stundensätze und Preise sind nicht nur zu niedrig, sondern sogar viel zu niedrig. An dieser Stelle darf natürlich der Einwand nicht fehlen, dass es ja schön und gut ist, die tatsächlich angemessenen und auch notwendigen Stundensätze zu kennen, dass das jedoch wenig nützt, wenn man sie beim Kunden nicht durchsetzen kann.

Allerdings: Wie oft und wie konsequent haben Sie es schon versucht? In vielen Fällen neigen Selbstständige zu einer Art vorauseilendem Gehorsam: Wer ohnehin überzeugt ist, seine Preise nicht durchsetzen zu können, versucht es erst gar nicht – und wenn, dann nur zaghaft. Doch so kommen Sie nicht weiter, vor allem dann nicht, wenn Sie nicht einmal genau wissen, welche Preise Sie tatsächlich ansetzen müssten.

Eine saubere Kalkulation ist in allen Fällen der erste und wichtigste Schritt hin zu angemessenen Preisen, denn:

- Wer seine Kosten und den tatsächlichen Zeitaufwand übers Jahr betrachtet und sie den Erträgen gegenüberstellt, weiß den Wert der eigenen Leistungen oft erst richtig zu schätzen.
- Wer die richtigen Preise jederzeit im Kopf hat, tritt seinen Auftraggebern selbstbewusster gegenüber und kann seine Preise überzeugender vertreten.
- Wer weiß, was ihm zusteht, kann professionell auftreten und sich so von semiprofessionellen und weniger seriösen Anbietern abheben. Schließlich ist der Preis nicht das einzige Kriterium für die Auftragsvergabe.

Mit diesem Wissen im Hinterkopf kommen Sie einer angemessenen Bezahlung schon ein erhebliches Stück näher. In der Praxis kommt es nun darauf an, dass sich dieses Wissen auch tatsächlich auszahlt.

4.2 Die eigenen Preise gut verkaufen

Ob es gelingt, die angemessenen Preise durchzusetzen, ist zu großen Teilen Kopfsache. Für Ihre Kunden sind Sie ein überaus willkommener Anbieter, sogar mehr als das: Ohne Anbieter wie Sie könnten etliche andere

Unternehmer kaum geschäftlich überleben. Wenn Sie beispielsweise ein IT-Problem haben, rufen Sie bestimmt einen zuverlässigen selbstständigen Dienstleister an, statt gleich einen IT-Spezialisten einzustellen. Und vermutlich zahlen Sie die Rechnung gern, wenn nach ein paar Stunden Arbeit alles wieder einwandfrei läuft. Ihren Kunden geht es ähnlich, nur dass Sie derjenige sind, der engagiert wird. Das heißt, für Ihre Auftraggeber sind Selbstständige, Freiberufler und andere Unternehmer absolut unverzichtbar.

Selbstbewusst für die eigenen Preise einstehen

Im Vergleich zu Festangestellten sind Sie unschlagbar günstig – auch wenn Sie angemessene Preise in Rechnung stellen. Darüber hinaus sind Sie ein Experte, verursachen nur einen minimalen Verwaltungsaufwand und können nur produktive Arbeitszeiten abrechnen. All das macht Sie unersetzlich.

Machen Sie sich immer wieder bewusst, welche Vorteile Ihre Auftraggeber davon haben, wenn sie Sie engagieren. Und diese Vorzüge sind überaus vielfältig: Im Gegensatz zu Festangestellten werden Sie für jeden Auftrag neu engagiert und können nur auf Folgeaufträge zählen, wenn die Leistung stimmt. Dabei haben Sie keinen Anspruch auf Urlaub, Lohnfortzahlung im Krankheitsfall oder Mutterschutz und erhalten auch keine anderen Gratifikationen. Und Sie bekommen nur Geld für eine tatsächlich erbrachte Leistung, während Angestellte immer bezahlt werden müssen. Sie können damit viel zielgerichteter eingesetzt werden. Denn Sie werden nur für das Arbeitsvolumen engagiert, das tatsächlich vorhanden ist. Ein wesentlicher Vorteil ist zudem, dass Sie selbst für Ihre Weiterbildung verantwortlich sind. Das spart den Auftraggebern Kosten und führt dazu, dass Sie oft auch besser qualifiziert sind als Angestellte. Ganz allgemein können Sie im administrativen Bereich gleich mehrere Pluspunkte für sich verbuchen: Verglichen mit der aufwendigen Lohnbuchhaltung ist es ein Kinderspiel, eine Rechnung zu verbuchen. Und Sie kümmern sich natürlich auch selbst um Ihren Arbeitsplatz und Ihre Arbeitsmittel, die Angestellten vom Arbeitgeber zur Verfügung gestellt werden müssen, was durchaus teuer ist. Dabei sind Sie in der Regel weitaus flexibler als Angestellte, haben eine höhere Einsatzbereitschaft und Motivation. Und ein weiteres dickes Plus, das eindeutig für Sie spricht: Das selbst organisierte und eigenverantwortliche Arbeiten ist für Sie der Normalfall und Sie sind es gewohnt, unternehmerisch zu denken und zu handeln – das steigert Ihre Effektivität.

Mit diesem Wissen gerüstet, haben Sie eine gute Ausgangsposition, um selbstbewusst für Ihre Preise einzustehen. Und oft ist das bereits der halbe Erfolg. Etliche Selbstständige haben allein durch dieses Bewusstsein in Verbindung mit einer soliden Stundensatzkalkulation ihren inneren Preiskampf gewonnen und mit Erfolg ihre Stundensätze für die Angebotskalkulation entsprechend nach oben korrigiert. Zudem ist es, natürlich abhängig von der jeweiligen Branche, oft gar nicht erforderlich, den eigenen Stundensatz gegenüber dem Kunden zu kommunizieren. Entscheidend ist vielfach vor allem, welcher Betrag unter dem Strich steht. Wie viele Arbeitsstunden hinter diesem Betrag stehen, ist vielfach nicht entscheidend – zumal dann nicht, wenn letztlich ein angemessener Preis genannt wird.

Tipp

Wenn es nicht ausdrücklich erforderlich ist, in Angeboten einen Stundensatz aufzuführen, dann kommunizieren Sie Ihren Stundensatz auch nicht. Nennen Sie stattdessen einfach den Preis oder rechnen Sie den Betrag um, beispielsweise in Kosten pro Stück und so weiter.

Und wenn ein Kunde mehrere Angebote einholt, kann sogar derjenige mit den niedrigeren Stundensätzen den Kürzeren ziehen: Nämlich dann, wenn er zwar einen niedrigen Stundensatz nennt, dafür jedoch insgesamt mehr Stunden veranschlagt, um den geringen Stundensatz zu kompensieren. Das kann schnell nach hinten losgehen, wenn ein zweites Angebot mit einer geringeren Stundenzahl vorliegt.

Wie lange liegt Ihre letzte Preiserhöhung zurück?

Viele selbstständige Unternehmer schieben Preisanpassungen lange vor sich her. Das betrifft Neukunden und auch Stammkunden, mit denen vielleicht schon vor Jahren eine feste Honorarvereinbarung getroffen wurde. Wer jedoch mit den Preisen von vorgestern kalkuliert, schmälert von Jahr zu Jahr seinen Gewinn. Tatsächlich sind nicht nur die großen Preiserhöhungen von Bedeutung, auch kleine Preisanpassungen tragen zum Gewinn bei. Umgekehrt: Wenn Sie über Jahre für die gleichen Honorare arbeiten, fällt Ihr Gewinn wegen des Kaufkraftverlustes, also der Inflation, um einige Prozentpunkte geringer aus. Diese Verluste können noch unangenehmer ausfallen, wenn parallel zur Inflation die eigenen Kosten (wie beispielsweise die Miete) überproportional steigen. Es ist daher eine unternehmerische Pflicht, sowohl die jährliche allgemeine Inflation als auch insbesondere die Kostensteigerungen bei den eigenen Preisen zu berücksichtigen.

Die Zurückhaltung vieler Unternehmer, wenigstens diese moderaten Preiserhöhungen weiterzugeben, ist zudem völlig unbegründet. Denn wo alles teurer wird, wäre es geradezu ungewöhnlich, wenn ausgerechnet Ihre Preise auf dem Niveau von vor einigen Jahren stagnieren würden. Gerade für B2B-Kunden ist es völlig normal, dass sich die Preise von Jahr zu Jahr ein wenig erhöhen. Es gibt keinen Grund dafür, dass Sie eine Ausnahme machen, zumal derartige Preisanpassungen in den meisten Fällen völlig problemlos akzeptiert werden.

Wenn Sie Ihre Preise an die Inflation und an Ihre Kosten anpassen, haben Sie allerdings noch keinen zusätzlichen Gewinn erwirtschaftet. Sie haben jedoch zumindest schon einmal schleichende Verluste vermieden. Nun ist es allerdings oft so, dass sich viele Selbstständige parallel zur Inflation von Jahr zu Jahr über eine wachsende Anzahl von Aufträgen freuen. Das ist zunächst überaus positiv. Wenn Sie nun jedoch mehr Aufträge abwickeln, dabei allerdings immer noch die alten Preise ansetzen, verschenken Sie nur noch mehr Geld – Sie merken es nur nicht, weil Sie insgesamt höhere Umsätze machen. An regelmäßigen Preisanpassungen führt also kein Weg vorbei, wenn Sie professionell und wirtschaftlich arbeiten wollen.

Regelmäßige Preisanpassungen sollten möglichst jährlich, spätestens jedoch alle drei Jahre erfolgen. Ansonsten schmälern Sie ohne Not Ihre Gewinne um mehrere Prozentpunkte. Diese Preisanpassungen, die in der Regel mühelos durchzusetzen sind, haben noch einen weiteren Vorteil: Sie bringen damit Ihre Preise in die richtige Richtung. Der Gewinn ist der wichtigste Indikator für den Erfolg eines Unternehmens. Und auf lange Sicht kann kein Unternehmen ohne oder nur mit marginalem Gewinn betrieben werden. Deshalb wäre es fahrlässig, die Notwendigkeit einer regelmäßigen Preisanpassung zu ignorieren.

Tipp

Denken Sie daran, die Gültigkeit von Angeboten zeitlich zu begrenzen, oder nehmen Sie von vornherein einen Passus auf, dass sich die Honorare beispielsweise nach einem Jahr um zwei Prozent erhöhen.

Preise frühzeitig erhöhen

Dass selbst Kostensteigerungen von vielen Selbstständigen und Freiberuflern erst verspätet in die Preise eingerechnet werden, zeigt das grundsätzliche Dilemma vieler Unternehmer: Die eigenen Preise zu erhöhen, bereitet ihnen oft Unbehagen. Das ist ein Grund, warum mit Preiserhöhungen lange gezögert wird, oft zu lange. Denn Selbstständige, Freiberufler und Unternehmer erhöhen ihre Preise oft erst, wenn es gar nicht mehr anders geht – wenn also die letzten Reserven aufgezehrt sind oder man gar bereits in der Verlustzone angekommen ist. Ist es allerdings erst einmal so weit gekommen, wurde der richtige Zeitpunkt längst verpasst. Denn nun fehlt meist sowohl die nötige Ruhe als auch die persönliche Souveränität, um eine Preiserhöhung durchzusetzen. Auch bringen alle hektischen oder gar panikartigen Aktivitäten ohnehin meist gar nichts.

Der optimale Zeitpunkt, um angemessene Preise durchzusetzen, ist immer dann, wenn es dem Unternehmen gut geht. Zögern Sie also nicht zu lange und hinterfragen Sie Ihre Preise rechtzeitig. Außerdem: Je länger Sie für zu niedrige Preise arbeiten, umso schwieriger wird es, diese Preise wieder zu revidieren.

Preise verkaufen

Der Weg zu höheren Preisen setzt drei wichtige Schritte voraus: erstens eine solide Kalkulation, zweitens das Bewusstmachen des Wertes der eigenen Leistungen oder Produkte und drittens die Fähigkeit, die eigenen Preise gut zu verkaufen. Natürlich gibt es immer Wettbewerber, die niedrigere Preise anbieten. Allerdings wollen die meisten Kunden gar nicht unbedingt das Billigste (oft wollen sie sogar genau das nicht). Vielmehr wollen Kunden ein für sie optimales Verhältnis von Preis und Leistung und natürlich eine Lösung, die funktioniert und ihrem Bedarf entspricht. Deshalb geht es gar nicht darum, die eigenen Kosten und Preise zu rechtfertigen, sondern darum, den Kundennutzen zu verdeutlichen.

- Was macht Sie besonders?
- Wo liegen Ihre Vorteile gegenüber Billiganbietern?
- Was unterscheidet Sie von anderen Anbietern?

Aus den Antworten auf Fragen wie diese lassen sich sehr schnell triftige Gründe ableiten, die für das eigene Unternehmen sprechen. Wichtig ist allerdings, dass Ihr Kunde diese Gründe auch kennt. Und das ist vor allem eine Frage der Kommunikation. Auch wenn Sie es vielleicht nicht gern hören: Jeder Selbstständige, Freiberufler und Unternehmer ist zu guten Teilen auch Verkäufer – oder sollte es zumindest sein. Denn letztlich gilt es, sich selbst, das eigene Angebot und die eigenen Preise zu verkaufen. Obligatorisch ist dabei eine professionelle Unternehmenspräsentation von der Visitenkarte bis zur Website, vom Telefongespräch bis zur E-Mail und zum persönlichen Gespräch. Wer angemessene Preise vereinnahmen will, muss im Gegenzug Professionalität auf allen Ebenen bieten – und mehr noch, die gesamte Kommunikation auf die Vorteile und den Nutzen des Kunden ausrichten (siehe Kapitel *Endlich mehr Aufträge!* ab Seite 149). Dadurch erreichen Sie zunächst, dass Sie als durchweg professioneller und kundenorientierter Anbieter wahrgenommen werden – und solche Unternehmen haben selbstverständlich ihren Preis. Das weiß auch der Kunde. Die Außendarstellung des Unternehmens ist daher von größter Bedeutung, um einerseits Ihre Positionierung zu verdeutlichen und andererseits von vornherein zu signalisieren, in welcher Liga Sie spielen.

Ein Unternehmen mit einer unattraktiven und aussagelosen Webpräsenz, schlechter Erreichbarkeit, schwer nachvollziehbaren Angebotsschreiben und unprofessionellen Kundenkontakten hat natürlich weit weniger Chancen, höhere Preise durchzusetzen, als ein Unternehmen, das in all diesen Bereichen kundenorientiert und professionell agiert. Verkaufen bedeutet darüber hinaus auch, im direkten Kundenkontakt überzeugend aufzutreten und die eigene Leistungsfähigkeit in Bezug auf den Bedarf des Kunden zu verdeutlichen. Die beste Gelegenheit dazu haben Sie in Vorgesprächen, bei der Angebotsabgabe und natürlich in Verhandlungen.

Gehen Sie dazu jeden einzelnen Posten Ihres Angebotes durch und vergegenwärtigen Sie sich die jeweiligen Vorteile für den Kunden und den besonderen Mehrwert, den Sie leisten. Stapeln Sie dabei nicht zu tief. Alles, was Sie leisten – auch wenn es für Sie als Selbstverständlichkeit erscheint –, kann dem Kunden einen Mehrwert bieten (beispielsweise ein fester persönlicher Ansprechpartner, Erreichbarkeit, Geschwindigkeit der Auftragsabwicklung, bestimmte Sonderleistungen). So wird auch Ihnen nochmals bewusst, welchen Wert Ihre Leistungen für den Kunden haben und inwieweit der Kunde davon profitiert.

Denken Sie also immer als Erstes an die Vorteile für den Kunden und erst dann an den Preis! Der Wert Ihrer Leistung wird umso größer, je klarer Ihnen und dem Kunden alle Vorteile und der Nutzen Ihrer Leistungen bewusst sind. Wenn Ihr Kunde lediglich den Preis kennt, nicht aber die Vorzüge Ihrer Leistungen, kann er nur die Preise verschiedener Anbieter miteinander vergleichen. Entscheidend ist jedoch das optimale Verhältnis von Preis und Leistung. So bleiben Sie auch offensiv, denn Sie verkaufen Ihre Leistungen nicht mehr allein über den Preis, sondern vor allem über die Qualität.

Mehr innere Einstellung als Verkaufstechnik

Wie Sie sehen, ist die eigene Preispolitik in erster Linie Kopfsache. Das gilt nicht nur für den Kunden, sondern vor allem für Sie selbst: Trennen Sie sich von dem Gedanken, dass Ihr Kunde den Preis Ihrer Leistung als zu hoch empfindet. Machen Sie Ihre Leistungen sowie deren Vorzüge und Wert zum zentralen Thema statt nur den Preis. Wenn Sie Ihre Preise gut kalkuliert haben, steht fest, welche Preise Sie erzielen müssen. Niedrigere Preise gehen immer auf Ihre Kosten. Und das kann sich niemand auf Dauer leisten, zumal als Folge oft die Freude an der Arbeit verloren geht und dadurch sowohl die Motivation als auch die Qualität leiden.

Es ist vor allem Kopfsache, ob es Ihnen gelingt, angemessene Preise durchzusetzen.

Verbinden Sie Ihre Leistungen stattdessen konsequent mit dem Nutzen für den Kunden. Gute Geschäfte gehen nie zulasten des Kunden, jedoch auch nicht zulasten Ihres Einkommens, sondern kommen dann zustande, wenn Kunde und Anbieter voneinander profitieren. Um das zu erreichen, ist vor allem eine Veränderung der eigenen inneren Einstellung und Denkweise erforderlich. Wer allein über niedrige Preise verkauft, ist kein guter Verkäufer und schöpft das Potenzial des eigenen Unternehmens nicht aus. Sie sind nicht nur ein Anbieter einer bestimmten Leistung, sondern als Unternehmer auch der erste Verkäufer Ihrer Leistungen und Preise. Das ist mehr eine Frage der inneren Einstellung als eine Frage von Verkaufstechniken. Der zentrale Punkt ist dabei, dass Sie sich den Wert Ihrer Leistungen für den Kunden in jedem Einzelfall bewusst machen und Ihre Preise dementsprechend verkaufen. Damit haben Sie das beste Mittel in der Hand, um sich dem Druck des Marktes und der Kunden zu stellen und mit Ihrem Angebot zu überzeugen und nicht mit einem niedrigen Preis.

4.3 Gleiches Geld für gleiche Arbeit

Das Thema »Equal Pay« kennt man vor allem als wichtiges Thema für Angestellte, wenn die Gleichbehandlung aller Arbeitnehmer bei der Bezahlung gefordert wird. Weitaus seltener wird die Frage der gleichen Bezahlung bei Freiberuflern, Selbstständigen und Unternehmern thematisiert. Dabei ist das Problem der gleichen Bezahlung überaus facettenreich und im Geschäftsalltag gleich in mehrfacher Weise von Bedeutung. Die generelle Frage ist dabei: Ist es überhaupt richtig, für die gleiche Arbeit grundsätzlich das gleiche Geld zu verlangen – oder gibt es Ausnahmen?

Gute und weniger gute Kunden

Kunde ist nicht gleich Kunde. Die Diskrepanz wird besonders deutlich, wenn für Kunde A und Kunde B jeweils sehr ähnliche Aufträge bearbeitet werden, der Aufwand für den Auftrag A trotz gleicher Rahmenbedingungen jedoch weitaus größer ausfällt als für Auftrag B. Kommt dann noch hinzu, dass Kunde A schon wenige Tage nach Erhalt die Rechnung bezahlt, Kunde B jedoch erst nach einer Mahnung, zeigt sich, dass die Unterschiede kaum größer sein könnten – obwohl es sich um die gleiche Leistung handelt. Derartige Fälle kommen in der Praxis häufig vor. Manche Kunden sind einfach komplizierter als andere: Sie fordern kurzfristige Änderungen, entwickeln unvermittelt völlig neue Ideen und Vorstellungen, geben Informationen zu spät weiter und wollen gleichzeitig einen früheren Liefertermin, machen unverständliche Angaben, deren Sinn sich dem Auftragnehmer erst nach mehrmaligen Rückfragen erschließt, und wollen eine Extrawurst nach der anderen. Das kostet Zeit, Energie und letztlich Geld. Viele solcher Kunden kann sich kaum ein Unternehmer leisten. Und wozu auch? Spätestens wenn Extrawünsche und Zusatzarbeiten immer wieder eingefordert werden und der Auftragnehmer dadurch Geld verliert, braucht es eine Strategie für den Umgang mit solchen Kunden.

Zunächst: Es ist völlig legitim, zwischen guten und weniger guten Kunden zu unterscheiden. Und das kann, ja muss sich sogar in der Preisgestaltung niederschlagen. (Allerdings nicht in Ihrer Professionalität und der Qualität Ihrer Arbeit!) Wenn Sie es wiederholt mit ein und demselben schwierigen Kunden zu tun bekommen, gibt es letztlich nur drei Möglichkeiten:

1. Sie setzen Ihr Honorar von vornherein um einen erheblichen Prozentsatz höher an und betrachten das quasi als Schmerzensgeld.
2. Sie unterteilen Ihr Angebot in mehrere Teilpositionen und definieren die zu erbringenden Leistungen sehr genau. Sobald eine Leistung eingefordert wird, die so nicht vereinbart wurde, berechnen Sie ein

Zusatzhonorar. In solchen Fällen ist allerdings Konsequenz gefragt, da die Spirale durch eine kleine Gefälligkeit hier und ein beiläufiges Extra dort erst in Gang gesetzt wird. Der Nachteil dieser Variante ist deshalb, dass Sie viel Disziplin brauchen, um Ihre Rechte tatsächlich geltend zu machen. Und das muss bereits beim ersten Extra, und sei es noch so geringfügig, beginnen. Zudem kommen Sie nicht daran vorbei, mehr Zeit in das Verfassen eines wasserdichten Angebotes zu investieren, in dem jede Eventualität geregelt ist. Auch das kostet Zeit und muss letztlich eingepreist werden.

3. Sie trennen sich von dem Kunden. Das ist eine radikale, manchmal jedoch notwendige Lösung. Denn die Frage, ob Sie mit einem solchen Kunden unter diesen Umständen überhaupt arbeiten wollen, ist natürlich berechtigt. Wird die nervliche Belastung zu groß, ist die Trennung das Mittel der Wahl – das gilt auch, wenn Sie trotz aller Maßnahmen noch immer unbezahlte Zusatzleistungen erbringen. Hierbei gilt wieder der Grundsatz: Wenn Sie sich unter Wert verkaufen, machen Sie Verluste.

Wichtige und weniger wichtige Kunden

Jeder Kunde ist wichtig und trägt zum Umsatz bei. Manche Kunden allerdings haben eine besondere Bedeutung – weil sie sehr prestigeträchtig sind. Der Auftragnehmer verspricht sich von solchen Kunden einen erhöhten Bekanntheitsgrad und einen Imagegewinn und erhofft sich, den wichtigen Kunden quasi als Brücke in ganz neue unternehmerische Dimensionen nutzen zu können. Manchmal gelingt das. Das wissen auch die besagten Kunden und fordern daher teils unverhohlen großzügige Nachlässe. Und selbst wenn nicht, versuchen viele Selbstständige, mit besonders günstigen Konditionen zu punkten, um sich den Auftrag dieses Kunden zu sichern – um jeden Preis. Das kann man ein-, zwei- oder dreimal machen, allerdings nicht häufiger. Und in einigen Fällen sollte man überhaupt keine Sonderkonditionen gewähren. Gerade wenn es sich um sehr große Aufträge handelt, geht viel Geld verloren. Es ist ein wenig wie beim Glücksspiel: Der Einsatz ist durchaus hoch und die Gewinnchancen sind nicht unbedingt atemberaubend. Obendrein wissen einige dieser Kunden nur zu gut mit ihrem bekannten Namen zu beeindrucken und wandern von Anbieter zu Anbieter, wo sie jeweils besonders exklusiv umgarnt werden und auch noch Sonderkonditionen eingeräumt bekommen. Die Auftragnehmer profitieren in der Regel wenig davon, haben viel Arbeit und bekommen dafür ein mageres Honorar. Auf dieses Spiel kann man sich einlassen, wenn man sich gute Gewinnchancen ausrechnet. Allerdings ist es sinnvoll, den Einsatz gering zu halten und, falls die in einen Prestigekunden gesetzten Hoffnungen nicht erfüllt werden, besser wieder zu einer soliden Kalkulation und fairen Preisen zurückzukehren.

Langjährige und neue Kunden

Langjährige Kunden genießen in fast allen kleineren Unternehmen einen Sonderstatus. Allerdings zählen sie nicht immer zu den wirklich lukrativen Kunden. In einigen Fällen sind sogar gerade sie es, die den Unternehmensgewinn schmälern. So mancher Unternehmer ist mit seinen langjährigen Kunden sozusagen groß geworden. Diesen Kunden fühlt man sich verbunden, man ist ihnen dankbar, da mit ihnen vor vielen Jahren der Einstieg in die echte Geschäftswelt gelungen ist. Dafür zahlen diese Kunden vielfach allerdings auch heute noch den Preis von vor etlichen Jahren. Dieser Preis liegt dann zu weit vom angemessenen Preis entfernt. Das bringt gleich noch einen zweiten Nachteil mit sich: Vergleicht man die Preise, die einem neuen Kunden in Rechnung gestellt werden, mit denen des alten Kunden, erscheinen diese Preise selbst dann sehr gut, wenn sie noch immer viel zu niedrig sind. Die neuen Preise sind zwar höher, damit allerdings noch keinesfalls zwangsläufig angemessen. Sie werden nur im Vergleich zu den Konditionen des Altkunden als akzeptabel empfunden. Dadurch wird der Handlungsbedarf oft nicht erkannt. Überprüfen Sie daher die Konditionen Ihrer langjährigen Kunden. Sind die Preise zu niedrig, scheuen Sie nicht vor einer Preiserhöhung zurück. Ihr Kunde wird verstehen, dass sich in den vergangenen Jahren die Preise verändert haben und dass auch Sie als Unternehmer an Erfahrung hinzugewonnen haben. Zudem haben Sie sich über viele Jahre als zuverlässiger, leistungsfähiger Anbieter erwiesen, der den Bedarf des Kunden wie kein Zweiter kennt. – Sie sind also nicht ohne Weiteres durch einen beliebigen anderen Anbieter zu ersetzen.

Tipp

Falls Sie langjährigen Kunden Sonderkonditionen gewähren, ziehen Sie diese Preise keinesfalls als Referenzpreise für andere Kalkulationen heran! Andernfalls laufen Sie Gefahr, für neue Kunden zu niedrig zu kalkulieren.

Kleine und große Aufträge

Das Volumen der Aufträge, die ein Unternehmen erhält, unterscheidet sich zum Teil drastisch. Je nach Branche sind manche Aufträge in einigen Stunden erledigt, andere haben eine Bearbeitungszeit von mehreren Wochen oder sogar Monaten. Das Volumen eines Auftrages an sich rechtfertigt genau genommen zunächst keine Ungleichbehandlung. Worauf es ankommt, ist der Administrationsanteil im Verhältnis zur produktiven Arbeitszeit. Und der Administrationsanteil ist bei kleinen Aufträgen in der Regel höher als bei umfangreichen Aufträgen. Viele Unternehmen nutzen deshalb für kleine Aufträge Pauschalbeträge: Ob die Bearbeitung eines Auftrages nun beispielsweise eine Stunde oder drei Stunden beträgt – das Honorar fällt dann in beiden Fällen gleich aus, weil der Anteil der Administration beim Einstundenauftrag (mit Auftragsannahme, Auftragsabnahme, gegebenenfalls Versand, Rechnungsstellung und Buchung des Zahlungseinganges et cetera) unverhältnismäßig hoch ausfällt.

*Die Frage nach der gleichen Bezahlung
ist für Unternehmer viel facettenreicher
als für Angestellte.*

Eilige und weniger eilige Aufträge

Jeder Eilauftrag rechtfertigt aus gutem Grund einen Aufschlag, teilweise von bis zu hundert Prozent. Die Frage ist vor allem, was genau als Eilauftrag definiert wird. Das ist in jeder Branche unterschiedlich. Für die einen wird ein Auftrag erst dann zu einem Eilauftrag, wenn die Arbeit sofort begonnen werden muss, andere betrachten alles als Eilauftrag, was innerhalb eines bestimmten Zeitraumes erledigt sein muss. Und für wieder andere hängt es davon ab, ob Wochenend-, Abend- oder Nachtarbeit erforderlich ist. Wie auch immer Sie einen Eilauftrag definieren, wichtig ist, dass Sie eine ganz klare und ebenso praktikable Definition für sich finden und dabei festlegen, welche Aufschläge in welchen Fällen berechnet werden. Halten Sie sich dabei an den Grundsatz, dass jeder Eilauftrag einen Zuschlag erfordert. Denn ein solcher Auftrag ist nicht nur dringend, er macht auch mehr Arbeit – schon dadurch, dass Sie Ihre bisherige Zeitplanung anpassen oder andere Termine verschieben müssen.

Einzelaufträge und Folgeaufträge

Ein bei Kunden beliebtes Mittel, um Preise zu drücken, ist das Inaussichtstellen von Folgeaufträgen. Der Kunde fordert dann ein Angebot für eine bestimmte Leistung an und lässt den Anbieter dabei gleich wissen, dass er mit zahlreichen Folgeaufträgen rechnen darf. Das klingt verlockend und bringt etliche Anbieter dazu, niedrige Preise in das Angebot zu schreiben, um den Auftrag und anschließend dann die angekündigten Folgeaufträge zu bekommen. Für den Kunden geht die Rechnung auf: Er bekommt seinen günstigen Preis. Der Anbieter wartet auf die besagten Folgeaufträge jedoch oft vergebens, denn nicht selten sind Hinweise auf Folgeaufträge reine Köder, um eine Leistung zu einem niedrigen Preis zu erhalten. Doch was Sie nicht schwarz auf weiß haben, können Sie nicht mit in Ihre Kalkulation einbeziehen.

Jung und Alt

Wir kennen es von Beamten: Mit der Zahl der Dienstjahre steigt auch die Besoldungsstufe. Nun sind selbstständige Unternehmer alles andere als Beamte, dennoch ist das Einkommen der Selbstständigen mit langjähriger Erfahrung meist höher als das der jüngeren Kollegen. Die Erfahrung ist hier allerdings das ausschlaggebende Stichwort. Bezahlt wird die Erfahrung, außerdem das Wissen und Können eines Anbieters – und nicht zuletzt die Souveränität des eigenen Auftretens in Kundengesprächen und Verhandlungen. Und die nimmt natürlich im Laufe der Jahre zu. Das führt dazu, dass der Verdienst jüngerer Anbieter häufig geringer ausfällt. Letztlich geht es also wieder primär darum, wie gut ein Anbieter sich und seine Leistungen verkauft. Für jüngere Selbstständige ist es daher besonders bedeutend, sich mit Themen wie der Selbstpräsentation zu befassen. Die Jüngeren haben allerdings auch einen Pluspunkt: Einige alte Hasen vernachlässigen nach etlichen Jahren Selbstständigkeit ihre fachliche Weiterbildung, während ständig Jüngere mit dem neuesten Fachwissen nachrücken.

Tipp

Geben Sie auf reine Versprechungen grundsätzlich keinen Rabatt!

Frauen und Männer

Die Zahl der selbstständigen Frauen steigt zwar, dennoch sind sie mit einem Drittel der Neugründungen noch immer in der Minderheit. Vergleicht man die fachliche Qualifikation von weiblichen und männlichen Selbstständigen, schneiden Frauen in der Regel etwas besser ab als ihre männlichen Kollegen. Obendrein sind Frauen gerade langfristig erfolgreiche Selbstständige, vor allem weil sie gründlicher planen und ihre Unternehmung schon im Vorfeld sehr gut durchdacht haben. Die Rechnung »gleiches Geld für

gleiche Arbeit« geht oft dennoch nicht auf (obwohl es teilweise sogar hei-
ßen müsste »gleiches Geld für bessere Arbeit«).

Nachweislich ist die Angst zu scheitern bei Frauen deutlich stärker ausge-
prägt als bei Männern. In der Folge haben Frauen eine geringere Risikobe-
reitschaft. Außerdem sind viele Männer die besseren Selbstvermarkter, was
zum Teil auf die Evolution zurückzuführen ist: Demnach wird von Männern
seit Jahrtausenden erwartet, dass sie sich und ihre Leistungsfähigkeit präsentieren. Das zusammengenommen in Verbindung mit leider immer noch
vorhandenen Geschlechterklischees führt dazu, dass selbstständige Frauen
– obwohl ihr unternehmerisches Können mindestens gleichwertig ist – ihre
Leistungen zu günstig vermarkten. In Verhandlungen gelten Frauen im
Vergleich mit Männern als zurückhaltender. Wie mehrere Untersuchungen
zeigen, befinden Sie sich jedoch auch in einer Zwickmühle: Sind sie in der
Verhandlung zu risikoscheu, müssen sie oft finanzielle Abstriche hinneh-
men. Gehen sie dagegen zu resolut vor, kostet das bei Frauen schnell Sym-
pathiepunkte und führt wiederum zu schlechteren Ergebnissen, während
das gleiche Vorgehen bei Männern eher als Entschlossenheit gewertet wird.
Hier zeigen die Geschlechterklischees ihre Wirkung.

In Verhandlungen werden viele Fehler gemacht, auch von Männern. Für
Männer und Frauen ist es wichtig, sich eingehend mit dem Thema Verhandlung zu befassen. Und für Frauen ist es wichtig, zu wissen, wie Männer
verhandeln, um sich darauf einstellen zu können. Doch Frauen haben auch
Vorteile in Verhandlungen: Der weibliche Verhandlungsstil ist grundsätzlich mehr auf Vertrauen ausgelegt, was die Abschlusswahrscheinlichkeit
erhöht. Auch ist die Gefahr der Selbstüberschätzung, die ein Grund für das
Scheitern von Vertragsverhandlungen ist, bei Frauen geringer. Wenn Frau-
en diese Vorteile nutzen, sich den Wert ihrer Leistung bewusst machen und
obendrein ihre Selbstvermarktung optimieren, steigern sie die Chancen
einer fairen Bezahlung.

5.
Souverän verhandeln

Selbstständige verhandeln täglich um Preise und um Konditionen der Zusammenarbeit. Bei einer Verhandlung denken wir in der Regel an einen großen Tisch, an dem mehrere Personen sitzen und sich die Köpfe heißreden. Solche Szenarien sind für Selbstständige und Freiberufler allerdings meist nicht an der Tagesordnung. Zwar erleben auch sie klassische Verhandlungssituationen, die dann beispielsweise in einem Besprechungsraum eines Kunden stattfinden. Häufiger sind jedoch Verhandlungen, die beinahe nebenbei ablaufen: am Telefon, per E-Mail oder auch im persönlichen Gespräch beim Mittagessen. Auch das sind Verhandlungen, die ebenso viel Konzentration erfordern wie klassische Verhandlungsszenarien. Denn in allen Fällen geht es um Ihre Arbeit, Ihre Zeit und Ihr Geld.

Verhandlungen sind unter Selbstständigen oft wenig beliebt, manche haben geradezu Angst davor – dabei sind sie etwas äußerst Positives: Die Verhandlung steht am Ende einer ganzen Kette von vielen wichtigen Aufgaben. Verhandlungen sind so etwas wie der krönende Abschluss eines insgesamt langen Weges. Wo verhandelt wird, besteht bereits ein hohes Interesse an einer Zusammenarbeit. Davon können Sie ausgehen, und das stärkt bereits Ihre Verhandlungsposition. Doch nicht alles ist verhandelbar – und manches braucht auch gar nicht verhandelt zu werden. Die ersten Fragen sind also: Wollen Sie überhaupt verhandeln? Und was wollen Sie verhandeln – und was nicht?

5.1 Nicht alles ist verhandelbar

Wo es keine Verhandlungsspielräume gibt, gibt es nicht viel zu verhandeln. Wo es lediglich um ein Ja oder ein Nein geht, wird nicht verhandelt, sondern nur noch zugestimmt oder abgelehnt. Deshalb sind Verhandlungsspielräume notwendig, um eine konstruktive Lösung zu finden. In der beruflichen Praxis sind jedoch mehrere, völlig unterschiedliche Situationen denkbar, die es rechtfertigen, entweder die eigenen Verhandlungsspielräume bewusst einzuschränken oder sich auf eine Verhandlung gar nicht erst einzulassen.

So gibt es immer wieder Fälle, in denen ein Auftraggeber sämtliche Konditionen der Zusammenarbeit – inklusive des zu zahlenden Preises – diktieren möchte. Hier stellt sich schnell heraus, dass Verhandlungen zwecklos sind, weil es tatsächlich nur um ein Ja oder Nein geht. Da es hier nichts zu verhandeln gibt, können Sie nur eine Entscheidung treffen und sich dabei davon leiten lassen, ob Sie in Anbetracht der von außen diktierten Konditionen überhaupt ein lukratives Geschäft machen können.

Nicht mehr verhandeln als nötig

Ein wichtiger Grundsatz von Verhandlungen ist: Unstrittige Punkte brauchen nicht verhandelt zu werden. Doch gerade unerfahrene und unsichere Selbstständige bringen sich immer wieder selbst in die Bredouille, indem sie völlig unnötig Konzessionen anbieten, ohne vom Kunden dazu gedrängt worden zu sein. Machen Sie es also nicht komplizierter, als es ist. Wenn es nichts mehr zu klären gibt, brauchen Sie auch nicht mehr zu argumentieren. Vermeiden Sie unbedingt alle überflüssigen Diskussionen, die das Geschehen unnötig auf bereits abgehakte Punkte lenken.

Was nicht verhandelbar ist

Jede starre Position erschwert den Verhandlungserfolg. Allerdings gibt es bestimmte Grenzen und Punkte, die aus gutem Grund nicht verhandelbar sind. Daher kann es durchaus legitim sein, eine Verhandlung gar nicht erst zu beginnen. Einige Beispiele dafür sind:

Absolut unrealistische Vorstellungen: Wenn ein Auftraggeber von vornherein utopische, geradezu unverschämte Bedingungen wie Preise weit jenseits des Akzeptablen vorgibt, ist eine Verhandlung normalerweise aussichtslos. In solchen Fällen hilft Ihnen auch die größte Verhandlungskunst nicht weiter, um einigermaßen angemessene Bedingungen herauszuholen.

Begründete Vorbehalte: Etwas komplizierter ist es, wenn Sie die Liquidität eines Kunden ernsthaft bezweifeln, mit einem potenziellen Verhandlungspartner bereits einmal sehr schlechte Erfahrungen gemacht oder eine große persönliche Aversion gegenüber einem Kunden haben. Dann ließe sich zwar theoretisch verhandeln, doch praktisch spricht einiges dagegen. Auch in solchen Fällen ist es natürlich zulässig und manchmal sogar der klügere Schachzug, sich gar nicht erst in eine Verhandlung zu begeben und den potenziellen Auftrag diplomatisch abzulehnen.

Gravierende Widersprüche zu den eigenen Wertvorstellungen: Das Gleiche gilt für Aufträge, bei denen sich herausstellt, dass sie zu hundert Prozent gegen die eigenen Wertvorstellungen verstoßen. Niemand muss für jeden Kunden tatsächlich alles machen. Zumal dann nicht, wenn unter einer Zusammenarbeit der eigene gute Ruf Schaden nehmen könnte. Es sollte immer gut überlegt sein, wofür man den eigenen Namen hergibt und wofür nicht. Niemand möchte sich in einem Kontext wiederfinden, der im Widerspruch zu den eigenen Vorstellungen sowie zur eigenen Positionierung steht.

Erreichte Grenzen: Hin und wieder erwarten Kunden unentgeltliche Vorleistungen. Selbstständige sind gut beraten, sich diesbezüglich klare Grenzen zu setzen. Sind diese Grenzen erreicht (wobei es je nach Branche durchaus vernünftig sein kann, unentgeltliche Vorleistungen ganz generell abzulehnen), ist alles Darüberhinausgehende schlichtweg nicht verhandelbar.

Fehlende Informationen: Sie können ebenfalls keine (zumindest keine abschließende) Verhandlung führen, wenn Ihnen zur Beurteilung des Auftrages noch Informationen fehlen und zum Zeitpunkt der Verhandlung zu viele Fragen offen sind. Für klare Zusagen benötigen Sie einen entsprechenden Wissensstand. Ist die Informationslage zu lückenhaft, ist es sinnvoll, die Verhandlung zumindest zu vertagen, bis alle Details auf dem Tisch liegen.

Auftrag nicht realisierbar: Stellt sich heraus, dass ein Auftrag für Sie einfach nicht realisierbar ist (weil praxisferne Annahmen zugrunde liegen, das Volumen des Auftrages Ihre Kapazitäten deutlich übersteigt, der Zeitrahmen unrealistisch eng gesetzt ist oder Ihnen das nötige Spezialwissen fehlt), haben Sie ebenfalls keine Grundlage für eine echte Verhandlung.

Klare Grenzen setzen

Als selbstständiger Unternehmer ist es selbstverständlich wichtig, sich grundsätzlich verhandlungsbereit zu zeigen und flexibel auf spezielle Situationen eingehen zu können. Dabei können durchaus unorthodoxe Lösungen in Betracht gezogen werden. Mit einem Unternehmer kann man vieles besprechen, nur eben doch nicht alles. Rufen Sie sich Ihre Grenzen unbedingt ins Bewusstsein und fragen Sie sich (generell und vor jeder einzelnen Verhandlung):

- Welche Konzessionen können gemacht werden, welche nicht?
- Wo liegt die Preisuntergrenze beziehungsweise die Leistungsobergrenze?
- Wo sind beim besten Willen keine Zugeständnisse mehr möglich?

Wenn Sie Ihre Grenzen vor einer Verhandlung genau kennen, mindern Sie das Risiko, überrumpelt zu werden, ganz erheblich. Denken Sie dabei auch daran, dass Sie unter Umständen ganz unvermittelt in eine Verhandlung geraten können: Wenn Sie beispielsweise vor einer Woche einem Kunden ein schriftliches Angebot zugesandt haben, ist es gut möglich, dass Sie zu einem persönlichen (Verhandlungs-)Termin eingeladen werden. Es ist jedoch ebenso gut möglich, dass dieser Kunde unangekündigt anruft und bestimmte Konditionen hinterfragen will. Gerade in diesen Fällen kann es Ihnen nachträglichen Ärger ersparen, wenn Ihnen frühzeitig klar ist, was überhaupt verhandelbar ist und was nicht.

Ganz grundsätzlich wird jede Verhandlung einfacher, je mehr Klarheit Sie sowohl über Ihre Ziele haben als auch darüber, wo Ihre unverrückbaren Grenzen verlaufen. Führen Sie sich deshalb vor Augen, worüber verhandelt werden kann und worüber nicht. Damit verhindern Sie gleichzeitig, dass eine Verhandlung ins Unendliche abdriftet und sich immer mehr vom Kern der Sache entfernt.

Tipp

Indem Sie Ihre Grenzen kennen, schützen Sie sich davor, ungewollt Zugeständnisse zu machen. Sie sind doppelt gut gewappnet, wenn Ihnen nicht nur Ihre Grenzen bekannt sind, sondern wenn Sie gleichzeitig wissen, was Sie stattdessen anbieten können, um ein Entgegenkommen zu signalisieren.

*Verhandlungen sind etwas Gutes,
denn wo verhandelt wird, gibt es
bereits ein großes Interesse an einer
Zusammenarbeit.*

5.2 Wenn verhandeln, dann richtig

Verhandlungen gelten gemeinhin als schwierige Angelegenheit. Viele Anbieter befürchten, in einer Verhandlung übervorteilt zu werden und die eigenen Ziele nicht erreichen zu können. Andere geben sich nicht einmal die Mühe, sich eingehender mit Verhandlungsstrategien zu befassen. In beiden Fällen fallen die Verhandlungsergebnisse ernüchternd aus. Wichtig ist deshalb, dass Sie mit dem richtigen Know-how in die Verhandlung gehen. Nur so können Sie gute Ergebnisse erzielen, was übrigens weit mehr bedeutet, als einen guten Preis rauszuholen.

Das allgemeine Wissen zum Thema Verhandlungen ist leider voller Missverständnisse oder sehr rudimentär. Das erklärt einerseits, warum Verhandlungen eher unbeliebt sind und häufig unerfreulich verlaufen. Andererseits ist das vielerorts negative Bild von Verhandlungen völlig unberechtigt. Denn eine Verhandlung dient dazu,

- eine Übereinkunft zu finden, sofern nicht tatsächlich unüberwindbare Hindernisse auftreten;
- die Beziehung zwischen den Verhandlungspartnern zu stärken, selbst dann, wenn keine Übereinkunft erzielt wird;
- praktikable und effiziente Lösungen zu finden;
- Lösungen zu finden und Übereinkünfte zu erzielen, die für alle Beteiligten einen Gewinn darstellen.

Gute Verhandlungen kennen deshalb keine Verlierer. Das ist der wichtigste Grundsatz aller Verhandlungen. Denn unter dieser Voraussetzung hilft Ihnen die Verhandlung dabei, sich nicht unter Wert zu verkaufen, und der Kunde profitiert von einer guten Leistung zu einem angemessenen Preis.

Klarheit in Verhandlungen

In der Praxis halten sich natürlich nicht alle Verhandlungspartner an diesen Grundsatz. Deshalb bekommen Sie es immer wieder auch mit Verhandlungspartnern zu tun, die lediglich ihren eigenen – oft kurzfristigen – Vorteil im Sinn haben. Behalten Sie das Gewinner-Gewinner-Prinzip einer Verhandlung dennoch jederzeit im Hinterkopf. Und bereiten Sie sich in diesem Sinne auf die Verhandlung vor.

Das Erste, was Sie brauchen, ist ein konkretes Verhandlungsziel. Viele Selbstständige sagen sich hier ganz schlicht: »Ich will das Beste herausholen und so viel wie möglich erreichen.« Das allerdings ist als Verhandlungsziel völlig wertlos. Denn damit ist weder klar definiert, wann das Ziel erreicht ist, noch, wie es überhaupt aussieht. Außerdem ist damit kein Limit nach unten gesetzt. Gehen Sie jedoch niemals in eine Verhandlung, ohne eine klar definierte (preisliche) Untergrenze zu kennen!

Wesentlich Erfolg versprechender ist es, wenn Sie mit einem klar benannten Optimalziel in die Verhandlung gehen und sich zusätzlich mehrere konkret formulierte Alternativziele setzen. Oft sind es gerade die Alternativziele, die erheblich dazu beitragen, eine gute Übereinkunft auch dann zu finden, wenn ein Optimalziel nicht erreichbar ist. Denn schon durch die Definition von Alternativzielen verdeutlichen Sie sich Ihre Interessen und auch die Ihres Verhandlungspartners. Das macht Sie flexibler und Sie finden zusätzliche Optionen, die (neben dem Preis) auch über eine Übereinkunft entscheiden.

Wenn Sie also in eine Verhandlung gehen, benötigen Sie Klarheit über Ihren eigenen Standpunkt und über die eigenen Interessen. Wichtig ist es, sich darüber hinaus auch die Interessen und den Standpunkt des Verhandlungspartners zu vergegenwärtigen. Gehen Sie mit dem Bewusstsein in die Verhandlung, dass sowohl Sie selbst als auch Ihr Gegenüber von der

Verhandlung profitieren werden. Wie gesagt, in Verhandlungen geht es um die Interessen beider Parteien und darum, für unterschiedliche Interessen einen Ausgleich zu finden. Deshalb ist der Verhandlungserfolg auch keine Frage von Sieg oder Niederlage – er wird vielmehr daran gemessen, ob eine Lösung gefunden wird, die für beide Parteien vorteilhaft ist.

Wenn diese Grundvoraussetzungen gegeben sind, können Sie sich in der Verhandlung auf das Wesentliche konzentrieren: die eigenen Interessen konsequent zu vertreten, ohne dabei gegen die Interessen des Partners zu handeln.

Elf Tipps für eine erfolgreiche Verhandlung mit dem Kunden

1. Oft ist es ratsam, weniger selbst zu reden und dafür mehr zuzuhören und Fragen zu stellen, um auszuloten, was dem Kunden wirklich wichtig ist und worauf es ihm (neben dem Preis) ankommt.

2. Zeigen Sie, dass Sie ein gemeinsames Ziel vor Augen haben: eine gute Übereinkunft zu erzielen, um so den anstehenden Auftrag optimal erledigen zu können.

3. Bleiben Sie möglichst diplomatisch und nageln Sie Ihren Kunden nicht auf bestimmte Äußerungen fest, lassen Sie stattdessen immer taktvolle Rückzugsmöglichkeiten. Denn in Verhandlungen können Sie nichts erzwingen, sondern nur durch eine echte beiderseitige Übereinkunft etwas erzielen.

4. Verwenden Sie nur Argumente, die aus der Perspektive Ihres Kunden Überzeugungskraft besitzen, statt lediglich aus Ihrer Sicht zu argumentieren.

5. Lassen Sie sich grundsätzlich nicht provozieren. Bleiben Sie ganz der professionelle und lösungsorientierte Verhandlungspartner.

6. Vermeiden Sie alle überflüssigen Diskussionen und achten Sie darauf, auch selbst das Thema nicht auf Nebensächlichkeiten zu lenken. Wenn ein Thema geklärt ist, brauchen Sie es auch nicht weiter zu bearbeiten – das gilt insbesondere für den Preis.

7. Gehen Sie Schritt für Schritt und systematisch vor und keinesfalls in größeren, für den Kunden nicht nachvollziehbaren Sprüngen.
8. Bleiben Sie hart in der Sache, wenn es nötig ist, jedoch immer fair gegenüber den Menschen.
9. Vermeiden Sie alle Übertreibungen und machen Sie keinerlei Zusagen, wenn Sie nicht selbst davon überzeugt sind, sie auch einhalten zu können.
10. Achten Sie auf eine klare, unmissverständliche Kommunikation. Sprechen Sie in kurzen, prägnanten Sätzen und verzichten Sie auf kategorische Aussagen (»So können wir das nicht machen!«).
11. Oft ist es hilfreicher, schweigen zu können, anstatt dagegenzuhalten.

Bedenken Sie außerdem: Mit jeder Verhandlung, die Vorteile für Sie und Ihren Kunden gebracht hat, steigt ganz nebenbei auch Ihr persönliches Ansehen beim Kunden. Genau dies ist auch das wichtigste Argument, das gegen den Einsatz unfairer und manipulativer Verhandlungsstrategien spricht: Ein übervorteilter Verhandlungspartner wird sich im Nachhinein über sich selbst ebenso wie über seinen Gesprächspartner ärgern. Damit finden dann künftige Verhandlungen mit dieser Person unter verschärften Bedingungen statt – oder überhaupt nicht mehr. Denn wer mit einem Verhandlungspartner einmal schlechte Erfahrungen gemacht hat, wird ihm kein Vertrauen mehr schenken und ihn künftig wahrscheinlich sogar völlig meiden. Ganz anders sieht es aus, wenn Sie den Ruf eines fairen, lösungsorientierten und zuverlässigen Verhandlungspartners haben. Mit solchen Partnern wird jeder Kunde auch in Zukunft gern wieder Geschäfte machen.

Wenn Preise verhandelt werden

Wo über eine Auftragsvergabe verhandelt wird, werden selbstverständlich auch die Preise zum Gegenstand der Verhandlung. Das ist normal und legitim. Wichtig ist jedoch, dass nicht nur, sondern eben auch über den Preis verhandelt wird. Sie haben schließlich Besseres und mehr zu bieten als den niedrigsten Preis. Führen Sie sich vor jeder Verhandlung erneut den

Wert Ihrer Leistungen vor Augen und versetzen Sie sich dabei auch in die Lage Ihres Kunden. Wenn Sie selbst absolut überzeugt sind vom Wert Ihrer Leistungen und vom Nutzen für Ihren Kunden, sind Sie bestens gerüstet für eine Preisverhandlung.

Wichtig ist außerdem, dass Sie selbst mit ganz klaren Vorstellungen über Ihre Preise in die Verhandlung gehen: Es ist unerlässlich, dass Sie wissen, wie sich Ihre Preise und Kosten im Detail zusammensetzen und an welchem Punkt für Ihr Unternehmen die Grenze zur Unwirtschaftlichkeit liegt. Unterschreiten Sie in keinem Fall Ihre preislichen Minimalgrenzen, denn Sie können es sich nicht leisten, Minusgeschäfte zu machen. Wenn ein Kunde den Preis trotz allem einmal unter diese Grenze drücken will, empfiehlt es sich unbedingt, mit einem klaren Nein zu antworten, auch auf die Gefahr hin, den Auftrag nicht zu bekommen. Denn ein Auftrag, an dem Sie nichts verdienen, schadet Ihnen mehr, als er Ihnen nützt.

Ein angemessenes Nein ist übrigens auch ein Ausdruck von Professionalität, Souveränität und Seriosität. Es demonstriert, dass Sie den Wert Ihrer Arbeit kennen und nicht bereit sind, diesen Wert infrage zu stellen.

Stabile Preise sind überdies ein Ausdruck von Seriosität und Glaubwürdigkeit, die Sie selbst untergraben würden, wenn Sie Ihre eigenen Preise leichtfertig zur Debatte stellen. Denn der Kunde wird an der Ernsthaftigkeit der Preise zweifeln und diese immer wieder hinterfragen, was Ihre Angebote insgesamt in ein schlechteres Licht rückt. Bedenken Sie auch: Wenn Sie voreilig Nachlässe anbieten, wird Ihr Kunde auch bei der nächsten Verhandlung einen Nachlass erwarten. Machen Sie also nicht vorschnell und ohne zwingenden Grund Zugeständnisse beim Preis. Sind Zugeständnisse beim Preis doch einmal unvermeidbar, ist es wichtig, dass Sie niemals leichtfertig Preisnachlässe einräumen, sondern stets verdeutlichen, dass es sich um einen Ausnahmefall handelt und Sie dem Kunden damit entgegenkommen. Mit einem Preisnachlass bieten Sie ihm einen bestimmten Vorteil, für den Sie in jedem Fall auch eine gewisse Gegenleistung erwarten dürfen. Schließlich soll das Geschäft zum beiderseitigen Vorteil verlaufen, da weder Sie noch Ihr Kunde etwas zu verschenken haben und Sie beide vom Geschäft profitieren wollen.

Tipp

Denken Sie daran: Ihr geschäftliches Anliegen, Gewinn zu erwirtschaften, ist genauso legitim wie der Wunsch des Kunden, gute Leistungen zu einem günstigen Preis zu erhalten.

Es gibt vielfältige Möglichkeiten, um bei einem preislichen Zugeständnis auch einen entsprechenden Vorteil für Ihr Unternehmen zu erwirken. Die gängigste Variante ist der Mengenrabatt. Doch auch Vergünstigungen für Folgeaufträge oder Zusatzkäufe sind eine gute Möglichkeit, dem Kunden Entgegenkommen zu signalisieren, ohne selbst dabei draufzuzahlen. Unter Umständen eignen sich dafür auch für Sie günstigere Zahlungs- oder Lieferbedingungen. Und auch langfristigere Terminierungen können zur deutlichen Vereinfachung der Abwicklung beitragen und deshalb ebenfalls einen Ausgleich für einen Rabatt darstellen. Sie wissen selbst am besten, was sich als Gegenleistung eignet. Es kann übrigens auch sinnvoll sein, ein alternatives Angebot zu offerieren, das preislich etwas günstiger ist als Ihr ursprüngliches Angebot, im Gegenzug jedoch auch einige Einschränkungen in der Leistung beinhaltet, sodass es für Sie noch rentabel und sinnvoll bleibt. Ist Ihrem Kunden das erste Angebot dann zu kostspielig, können Sie ihm gleich eine Alternative anbieten, um seinen Preisvorstellungen näherzukommen.

Außerdem gilt: Stabile und reelle Preise, die ohne künstliche Puffer auskommen, sind immer glaubhafter und vertrauenswürdiger als Preise, die völlig aus der Luft gegriffen scheinen. Mit einer souveränen Preispolitik stärken Sie daher die Beziehung zum Kunden und entgehen gleichzeitig der Gefahr, die Wirtschaftlichkeit Ihres Unternehmens selbst zu vereiteln.

Elf Tipps, wenn Sie der Kunde herunterhandeln will

1. Reden Sie zunächst über den Nutzen und die Vorteile des Angebots und erst dann über die Preise.

2. Stehen Sie zu Ihren Preisen, denn der Preis Ihres Angebots ist gut und fair kalkuliert, und Sie haben nichts zu verschenken. Stabile Preise zeugen außerdem von Seriosität und Glaubwürdigkeit.

3. Je überzeugender Sie den Nutzen und die Vorteile Ihres Angebots darstellen können, umso mehr wird Ihr Angebot dem Kunden wert sein. Und wenn der Kunde erkennt, welchen Wert Ihre Leistungen für ihn haben, wird er auch einen angemessenen Preis dafür bezahlen.

4. Verzichten Sie auf hohle Floskeln oder einstudierte Sätze, wenn der Preis zur Sprache kommt. Gehen Sie vielmehr ganz individuell auf die Situation Ihres Kunden ein.

5. Versuchen Sie, statt eines Preisnachlasses lieber etwas mehr Leistung oder einen speziellen Zusatznutzen zum gleichen Preis anzubieten.

6. Wenn Sie sehr schnell einen Preisnachlass anbieten, können Sie damit einen unseriösen Eindruck erwecken. Der Kunde bekommt das Gefühl, dass Sie den Preis grundsätzlich zu hoch ansetzen, um noch Verhandlungsspielraum zu haben, und dass er zu viel bezahlen würde, wenn er den Preis nicht herunterhandelt. Darunter leidet nicht nur das Vertrauensverhältnis zwischen Ihnen und dem Kunden, sondern auch Ihre Verhandlungsposition bei der nächsten Verhandlung.

7. Wenn Sie leichtfertig Preisnachlässe gewähren, wird dies für den Kunden schnell zur Selbstverständlichkeit. Und er wird sicher gern seinen Freunden und Bekannten von seinem Verhandlungserfolg erzählen.

8. Geben Sie nichts umsonst weg. Wenn Sie einen Preisnachlass gewähren, ist es nur legitim, im Gegenzug auch etwas dafür zu bekommen (beispielsweise schnellere Zahlung).

9. Behandeln Sie einen Preisnachlass nicht wie eine Selbstverständlichkeit, sondern sagen Sie Ihrem Kunden, dass es sich um ein Entgegenkommen handelt.

10. Setzen Sie sich in der Vorbereitung eine klare Untergrenze für den Preis, die Sie keinesfalls unterschreiten. Ein klares und selbstbewusstes Nein entlarvt so manchen Bluff eines Kunden, der vielleicht nur einmal testen wollte, wie weit er gehen kann. Außerdem können Sie es sich, wenn Sie seriös arbeiten wollen, einfach nicht leisten, die Minimalgrenze zu unterschreiten.

11. Sprechen Sie das Thema Preise nicht grundlos an. Wenn Sie selbst zu sehr mit dem Preis beschäftigt sind, besteht die Gefahr, dass Sie mit einer unbewussten Bemerkung den Kunden erst auf den Gedanken bringen, über den Preis zu verhandeln – obwohl der Preis bis dahin gar nicht zur Debatte stand.

Gute Verhandlungen kennen keine Verlierer.

5.3 Klare Vereinbarungen treffen

Die Verhandlung ist gut verlaufen, der Auftrag erteilt, Sie können sich an die Arbeit machen und nach der erbrachten Leistung eine Rechnung schreiben. Bis dahin können allerdings noch einige Hindernisse auf dem Weg liegen, vor allem wenn Sie keine klaren Vereinbarungen über Detailfragen getroffen oder Verhandlungsinhalte missverständlich formuliert haben. Beachten Sie: Sie und Ihre Kunden haben unterschiedliche Perspektiven. Aus diesem Grund können Sie in Verhandlungen nicht davon ausgehen, dass Ihr Kunde alles genauso verstanden hat wie Sie selbst.

In der Verhandlung wurden nur Worte ausgetauscht oder es wurde ein Vertrag unterzeichnet. Das heißt, Sie und Ihr Kunde haben vor allem auf theoretischer Ebene miteinander kommuniziert. Doch erst mit der konkreten Umsetzung wird sich zeigen, was die Vereinbarungen tatsächlich wert sind. Dies gilt insbesondere auch für nicht schriftlich festgehaltene Zusagen und Versprechungen. Tatsächlich kommt es beispielsweise vor, dass eine für Ihren Kunden unbedeutende, für Sie selbst jedoch sehr wichtige Zusage im Eifer des Gefechts nach der Verhandlung schlichtweg vergessen wird. Oder es stellt sich anschließend heraus, dass inhaltliche Aussagen unterschiedlich interpretiert wurden.

Denken Sie in Verhandlungen deshalb den nächsten Schritt möglichst mit und fragen Sie sich, welche Auswirkungen bestimmte Vereinbarungen auf die Auftragsbearbeitung ganz konkret haben. Versuchen Sie zudem, sämtliche Zusagen klar und unmissverständlich zu formulieren. Fragen Sie selbst noch einmal nach, wenn Sie einzelne Aussagen Ihres Kunden nicht hundertprozentig verstanden haben. Das Ziel einer Verhandlung ist nicht nur, eine generelle Übereinkunft zu erzielen – es geht auch darum, möglichst alle Unklarheiten hinsichtlich der weiteren Vorgehensweise zu beseitigen.

Vereinbarungen schriftlich festhalten

In vielen Fällen werden Sie keine umfangreichen Verträge abschließen, die jede Eventualität regeln. Oft kommt es nicht einmal zu einer förmlichen Verhandlung. Vielmehr werden zahlreiche Vereinbarungen in informellen Gesprächen, telefonisch oder per E-Mail getroffen. Gerade bei den mündlichen Vereinbarungen kommt es schnell zu Missverständnissen, zuweilen werden sie schlichtweg wieder vergessen – und wenn Sie mit unterschiedlichen Gesprächspartnern verhandeln, sagt der eine manchmal dies und der andere das. Fertigen Sie daher zu allen mündlich getroffenen Vereinbarungen unmissverständlich formulierte Gesprächsprotokolle an und senden Sie diese zur Kenntnisnahme an Ihre Gesprächspartner. Achten Sie außerdem darauf, keine übereilten Zusagen zu machen. Wenn Sie die Folgen einer Zusage nicht sofort überblicken können, ist es klug, sich etwas Bedenkzeit zu nehmen. Das zeugt von Ihrer Professionalität und kommt letztlich Ihnen und Ihrem Kunden zugute. Damit keine Vereinbarungen verloren gehen, empfiehlt es sich, ein Verhandlungs- oder Gesprächsprotokoll anzufertigen. Machen Sie sich bereits während der Verhandlung aussagekräftige Notizen, um hieraus nach der Verhandlung ein lückenloses Protokoll erstellen zu können.

- Was habe ich selbst zu tun?
- In welcher Reihenfolge und bis wann sind die Aufgaben zu erledigen?
- Welche Besonderheiten sind zu beachten und an welchen Stellen wurden individuelle Vereinbarungen getroffen?

Denken Sie daran, dass bei Verhandlungen oft sehr individuelle Konditionen vereinbart werden, die mitunter erheblich von der üblichen Vorgehensweise abweichen. Achten Sie darauf, dass solche Aspekte im Eifer des Gefechts nicht verloren gehen (beispielsweise sehr kurzfristige Liefertermine, Sonderausstattungen, Zusatzleistungen, zugesicherte Sofortmaßnahmen, erweiterte Zahlungsziele und so weiter).

Sie sehen, viele wichtige Aufgaben stellen sich erst nach Verhandlungsabschluss. Erst wenn auch diese Aufgaben professionell und souverän gemeistert wurden, können sowohl Sie selbst als auch Ihr Kunde gleichermaßen von den erzielten Resultaten einer Verhandlung profitieren. Keine Verhandlung kann losgelöst vom Geschehen davor oder von der Umsetzung der Ergebnisse in die Praxis betrachtet werden. Der beste Verhandlungserfolg ist nicht viel wert, wenn die Vereinbarungen nach der Verhandlung nicht umgesetzt werden. Verlieren Sie daher nie das Ganze aus den Augen.

Tipp

Im Normalfall wird jeder Selbstständige versuchen, die direkte Konfrontation mit einem Kunden zu vermeiden. Kommt es jedoch zu Streitigkeiten über den Auftragsgegenstand, den Umfang des Auftrages oder die Bezahlung, ist eine gute Dokumentation aller Vereinbarungen viel wert. Mit einem Hinweis auf diese Dokumentation und darauf, was wann vereinbart wurde, lassen sich so manche Konflikte diplomatisch lösen.

Nur versprechen, was Sie auch halten können

So mancher Anbieter bringt sich in Verhandlungen durch übereilte Zusagen und leere Versprechungen selbst in Bedrängnis. Werden solche Zusagen später eingefordert und Sie können dann Ihre Versprechungen nicht halten, ist das in Sie gesetzte Vertrauen schnell verspielt. In geschäftlichen Bereichen wird mangelnde Glaubwürdigkeit als Risiko eingestuft. Deshalb ist Ihre Glaubwürdigkeit überaus wertvoll und wichtig für den unternehmerischen Erfolg. Sie können Ihre Glaubwürdigkeit vor allem durch ein verbindliches Auftreten unter Beweis stellen, das heißt: Ihren Worten folgen Taten. Kunden wissen Zuverlässigkeit zu schätzen. Sie wollen wissen, woran sie sind, und suchen einen zuverlässigen und kalkulierbaren Anbieter, auf den sie sich verlassen können. Nutzen Sie daher jede Gelegenheit, sich als glaubwürdig zu erweisen, und denken Sie daran, Ihre Glaubwürdigkeit nicht leichtfertig aufs Spiel zu setzen.

Versprechen Sie nur, was Sie auch halten können. Ihre Kunden erwarten größtmögliche Klarheit von Ihnen. Kunden wollen klare Aussagen, denen sie vertrauen können – das betrifft insbesondere Terminzusagen. Überprüfen Sie daher bei allen Verhandlungen für sich selbst, ob das Besprochene tatsächlich praktikabel, zum gewünschten Termin und zum angebotenen Preis realisierbar ist. Versuchen Sie nicht, sich mit vagen oder nebulösen Begründungen aus der Affäre zu ziehen, wenn Fakten wie Liefertermine genannt werden müssen. Machen Sie verbindliche, eindeutige Ansagen, auch was die weitere Vorgehensweise nach einer Verhandlung betrifft. Denken Sie daran, es ist besser, unklare Punkte sofort zu klären, statt sie auf die lange Bank zu schieben. Früher oder später sind es genau diese Punkte, die Probleme verursachen – und die werden umso größer, je später sie thematisiert werden.

Wenn Sie in Verhandlungen verbindlich auftreten und Ihren Worten die entsprechenden Taten folgen lassen, spricht das aus Sicht des Kunden für Sie und für Ihr Unternehmen. Und hat der Kunde die Wahl zwischen zwei Anbietern, wird er sich (gerade bei wichtigen Projekten) lieber auf einen Anbieter verlassen, der sich bereits als überaus zuverlässig erwiesen hat – übrigens auch dann, wenn die Preise höher sind als bei der Konkurrenz. Denken Sie in Verhandlungen also auch an Ihr ganz persönliches Auftreten, denn gerade mit Aspekten wie Ihrer persönlichen Glaubwürdigkeit können Sie wertvolle Pluspunkte sammeln und sich positiv von Wettbewerbern abheben.

6.
Die Sache mit der Positionierung

Das Thema Positionierung und seine grundsätzlichen Fragen – wofür stehen Sie und Ihr Angebot? Was leisten Sie und für wen? Und wie kommunizieren Sie das? – sind ein echter Dauerbrenner für Selbstständige und Freiberufler. Und das gilt sowohl für die gesamte Zeit Ihrer Selbstständigkeit als auch für die vielen Weiterbildungsangebote und Fachbücher, die ratsuchenden Unternehmern zur Verfügung stehen. Egal, ob Sie Entrepreneur oder gestandener Unternehmer sind, die Frage nach Ihrer Positionierung ist und bleibt wichtig und wird Sie stets begleiten.

Obwohl das Thema also sehr präsent und seine Bedeutung unbestritten ist, findet es insbesondere bei Einzel- und Kleinunternehmern in der praktischen Umsetzung häufig deutlich weniger Widerhall, als man erwarten könnte. Es ist nämlich so eine Sache mit der Positionierung, und das gleich in mehrfacher Hinsicht.

Die meisten Unternehmer wissen zwar, dass die eigene Positionierung wichtig ist für den geschäftlichen Erfolg. Dennoch gehört sie zu den Punkten, die im Tagesgeschäft vieler Selbstständiger, Freiberufler und Unternehmer gern vernachlässigt werden. Ein Grund dafür ist, dass eine systematische Positionierung etliche fachfremde Tätigkeiten erfordert, die nicht jeder Unternehmer von vornherein beherrscht und die häufig auch eher zu den ungeliebten Aufgaben zählen. So ist es zum Beispiel notwendig, sich erst einmal selbst mit dem eigenen Unternehmen auseinanderzusetzen und sich Klarheit über die eigene Rolle sowie über das Geschäft und dessen Sichtbarkeit am Markt zu verschaffen. Schon das vermeiden nicht wenige Unternehmer, da es sich dabei um eine aufwendige Angelegenheit handelt und weil sie – nicht selten zu Recht – unangenehme Einsichten befürchten. Außerdem sind Markt- und Zielgruppenanalysen durchzuführen, strategische Überlegungen anzustellen, entsprechende Entscheidungen zu treffen und konkrete Maßnahmen zu entwickeln – und dann selbstverständlich auch umzusetzen.

Definition »Positionierung«

Mit dem Begriff »Positionierung« werden alle Aktivitäten – Analysen, Strategieentwicklungen, Entscheidungen, Maßnahmen – bezeichnet, die das Ziel haben, dass Sie und Ihr Angebot von Ihrer Zielgruppe positiv und unterscheidbar wahrgenommen und gegenüber Wettbewerbern auf dem Markt bevorzugt werden.

Aufgaben wie diese im Tagesgeschäft unterzubringen, ist gar nicht so einfach, wenn währenddessen bezahlte Aufträge auf ihre Erledigung warten. Zumal die praktische Umsetzung der Positionierung eine größere Herausforderung darstellt, als die Theorie manchmal glauben machen möchte. Dafür braucht es nämlich Zeit, Wissen, Fähigkeiten, eine systematische Herangehensweise und Durchhaltevermögen – und nichts davon fällt einem Unternehmer einfach so in den Schoß. Es bedeutet zusätzliche Arbeit, die die tägliche To-do-Liste weiter füllt. Und wenn andere Aufgaben dringlicher erscheinen, kann es eben schnell passieren, dass das Thema Positionierung im Unternehmeralltag doch wieder in den Hintergrund gerät.

Tückisch ist dabei auch, dass die Vernachlässigung der Positionierung nicht sofort spürbare Auswirkungen hat oder der Kausalzusammenhang mit dem ausbleibenden Erfolg nicht so eindeutig ist. Die Versäumnisse machen sich eher diffus und langfristig bemerkbar beziehungsweise offenbaren sich erst, wenn man sich bewusst mit dem Thema auseinandersetzt. Das verleitet zu der Annahme, die Positionierung sei gar nicht so wichtig und mache letztlich keinen großen Unterschied. Das stimmt natürlich nicht. Allerdings kann Positionierung auch nicht immer alles halten, was sie verspricht, sodass eben auch konkrete Aktivitäten und Maßnahmen nicht in jedem Fall den gewünschten Erfolg zeigen. Positionierung allein ist nämlich nicht alles.

6.1 Positionierung ist (nicht) alles

Etwas überspitzt formuliert lässt sich das Versprechen der Positionierung so zusammenfassen: »Mit der richtigen Positionierung kommt der Erfolg von ganz allein.« Es wäre wirklich schön, wenn dem so wäre. Doch leider greift dieses Versprechen aus zwei Gründen zu kurz. Erstens kommt der Erfolg nie von ganz allein. Das werden Sie als Unternehmer längst wissen, selbst wenn Sie noch nicht sehr lange im Geschäft sind. Ein Geschäft zu führen, macht Arbeit, bei den großen Dingen wie bei den kleinen. Und die wenigsten Unternehmer dürften Erfolge zu verzeichnen haben, für die sie nichts tun mussten. Zweitens ist es zwar ganz leicht, von der »richtigen Positionierung« zu sprechen. Doch diese wirklich zu finden und dann auch tatsächlich dementsprechend Position zu beziehen, ist eine echte unternehmerische und auch persönliche Herausforderung. Dieser mühevolle Teil wird häufig nicht so intensiv beleuchtet, wenn es um das Thema Positionierung geht.

Damit keine Missverständnisse entstehen: Keineswegs möchte ich die Bedeutung der Positionierung kleinreden. Positionierung ist alles – und zwar in dem Sinne, dass sie unverzichtbar ist. Ein dauerhafter unternehmerischer Erfolg ist ohne klare Positionierung nicht möglich. Positionierung ist jedoch gleichzeitig auch nicht alles. Denn sie allein macht nicht erfolgreich.

Positionierung ist alles

Als Selbstständiger oder Freiberufler brauchen Sie eine klare Positionierung. Ziel ist es, dass Ihre Zielgruppe weiß, wofür Sie und Ihr Angebot stehen und was Sie zu bieten haben, und dass sie Sie aufgrund dessen den Wettbewerbern bevorzugt. Ohne klare Positionierung bleibt Ihr Erscheinungsbild diffus und beliebig und kann keine große Sogwirkung auf Ihre Zielgruppe entfalten. Kunden erkennen gar nicht, worin Ihre Kernkompetenz besteht, und fühlen sich auch nicht angesprochen, wenn sich Ihr Angebot mehr oder weniger an alle richtet. Gegenüber gleichwertigen Mitbewerbern mit einem schärferen Profil werden Sie dann vermutlich den Kürzeren ziehen. Oder es bleibt Ihnen nichts anderes übrig, als über den niedrigsten Preis die Aufmerksamkeit auf sich zu lenken. Anders ist es, wenn Sie und Ihr Unternehmen ein scharf umrissenes Bild abgeben und die Kunden wissen, woran Sie bei Ihnen sind. Dann unterscheiden Sie sich von den Mitbewerbern und sind auf dem Markt individuell als Anbieter (wieder)erkennbar.

Tipp

Überprüfen Sie Ihre Selbstdarstellung! Um erste Einsichten über den Stand Ihrer Positionierung und über einen etwaigen Handlungsbedarf zu erlangen, können Sie zum Beispiel Ihre eigene Selbstdarstellung überprüfen. Nehmen Sie dafür Ihre Website, Ihre Firmen- oder Produktbroschüren, Ihren Social-Media-Auftritt oder Ihre Messeunterlagen unter die Lupe. Versuchen Sie, diese aus der Perspektive Ihrer Zielgruppe zu betrachten, und fragen Sie sich, ob darin wirklich deutlich wird, worin Ihre Kernkompetenz besteht, wofür Sie stehen und was Sie zu bieten haben. – Wesentliche Defizite und Unklarheiten in der Positionierung lassen sich so meist bereits deutlich erkennen.

Darüber hinaus ist eine klare Positionierung auch für die Unternehmensführung selbst wichtig: Sie bietet Ihnen wichtige Orientierungspunkte für die Frage, wie das Unternehmen geführt wird und worauf sich Ihre unternehmerischen Aktivitäten konzentrieren sollen. Das ist wichtig für strategische Entscheidungen und bewirkt, dass Sie keine Zeit und Energie mit wenig aussichtsreichen Vorhaben verschwenden. Klarheit über Ihre Positionierung hilft Ihnen zudem dabei, gegenüber Kunden, Partnern und auch Mitarbeitern oder Bewerbern klar zu kommunizieren, wer Sie sind und was Sie zu bieten haben. Auf Grundlage Ihrer Positionierung können Sie konkret benennen, welche Kunden und Aufträge Sie sich für Ihr Unternehmen wünschen, und Sie können sich mit Ihren unternehmerischen Aktivitäten auf genau diese Wunschkunden und -aufträge konzentrieren. Diese Konzentration auf die Ziele und Kunden, die genau zu Ihnen passen, sorgt dafür, dass Sie mehr Freude an der Arbeit haben und mit großer Motivation an die Arbeit gehen. Und mit einem klaren Wissen über Ihren eigenen Standpunkt können Sie stimmig und integer agieren und kommunizieren, was Ihre Glaubwürdigkeit und Ihre Überzeugungskraft stärkt. Klarheit über Ihre eigene Positionierung gibt Ihnen auch persönlich mehr Sicherheit und Selbstvertrauen, was Ihr Auftreten und Ihre Wirkung positiv beeinflusst.

Scheuen Sie sich nicht, mit Ihrem Unternehmen Profil zu zeigen und einen klaren Standpunkt einzunehmen, auch wenn Sie dadurch Teile Ihres Marktes als Zielgruppe ausschließen. Das mag auf den ersten Blick beunruhigend sein, auf den zweiten Blick heißt es aber, dass weniger Kunden zu Ihnen kommen, deren Anliegen ohnehin nicht zu Ihnen und Ihren Zielen passen. Letztlich gewinnen Sie dadurch freie Kapazitäten für Ihre Wunschkunden und Wunschaufträge sowie für wichtige Positionierungsmaßnahmen.

Positionierung ist nicht alles

Dennoch gilt auch: Positionierung ist nicht alles. Eine gute Positionierung allein kann den Erfolg eines Unternehmens nicht dauerhaft tragen. Sie ist zwar ein unverzichtbarer Baustein für die Unternehmensführung, doch Ihr Erfolg als Selbstständiger, Freiberufler oder Unternehmer setzt sich aus vielen Bausteinen zusammen. Und auf keinen davon können Sie verzichten. Die Bausteine stützen sich gegenseitig, fällt einer aus dem Verbund heraus, ist das gesamte Gebäude beschädigt oder sogar einsturzgefährdet. Die beste Positionierung nützt Ihnen nichts, wenn Sie Ihre Zielgruppe nicht erreichen oder wenn es Ihnen nicht gelingt, gute Beziehungen zu Ihren Kunden aufzubauen und diese zu pflegen. Auch wenn Sie Ihre eigenen Preise falsch kalkulieren, sich in Verhandlungen nicht durchsetzen können, fachliche oder organisatorische Defizite haben oder es einfach nicht schaffen, sich selbst zur Arbeit zu motivieren, wird ihre Positionierung Ihren Erfolg nicht herbeizaubern. Und das sind nur einige der Aspekte, mit denen sich Selbstständige oft schwerer tun, als sie es sich selbst gerne eingestehen möchten. Selbstständige scheitern nicht an fehlenden Ideen. Besonders eine passende Positionierung lässt sich immer finden. Der wahre Schwachpunkt ist die fehlende Willenskraft sowie mangelnde Disziplin und Konsequenz in der Umsetzung.

Der Selbstständige ist meist der größte Feind seiner Positionierung

Die eigene Positionierung erfordert ein Höchstmaß an Ehrlichkeit gegenüber sich selbst. Sich selbst etwas vorzumachen, also zum Beispiel eigene Defizite zu leugnen oder auch persönliche Wünsche auszublenden, verhindert von vornherein eine aussichtsreiche Positionierung.

Egal, wie klug, stichhaltig und vielversprechend Ihre Entscheidungen und Strategien für die Positionierung sind – wirklich wertvoll werden sie erst, wenn sie sich in konkreten Maßnahmen niederschlagen, die auch tatsächlich umgesetzt werden.

Die Umsetzung von Positionierungsmaßnahmen scheitert in der Praxis oft an der fehlenden Konsequenz des Unternehmers. Denn sie erfordert zum Beispiel den Mut, konsequent die eigene Position zu vertreten und eben auch auf bestimmte Kunden oder Aufträge zu verzichten, weil diese nicht (mehr) zur eigenen Positionierung passen.

Unternehmer brauchen unter Umständen einen langen Atem, bis sich spürbare Effekte der Positionierung einstellen. Dieses Durchhaltevermögen hat nicht jeder.

Eine klare Positionierung weckt bei Kunden und Partnern bestimmte Erwartungen. Wenn diese nicht erfüllt werden (können), verpuffen sämtliche positiven Effekte.

Positionierung ist alles, denn sie ist unverzichtbar. Positionierung ist jedoch gleichzeitig nicht alles, denn sie allein macht nicht erfolgreich.

Obwohl die Positionierung also kein Allheilmittel ist, ist sie zweifellos entscheidend für Ihren unternehmerischen Erfolg, sodass ich Ihnen dringend ans Herz lege, Ihre eigene Position auf dem Markt zu bestimmen und Ihre Unternehmensführung daran zu orientieren.

6.2 Angleichung oder Abgrenzung?

Die Bestimmung der eigenen Positionierung beginnt in der Regel mit einer vermeintlichen Grundsatzfrage: Ist es Erfolg versprechender, sich mit dem eigenen Unternehmen von der Konkurrenz bewusst abzugrenzen, oder sollte man es vielleicht doch lieber den bereits Erfolgreichen gleichtun und sich ähnlich positionieren wie sie? – Da »Unterscheidbarkeit« eines der Schlüsselwörter ist, wenn es um Positionierung geht, scheint die Antwort auf diese Frage klar zu sein: Um sich auf teils sehr großen Märkten von der Konkurrenz zu unterscheiden und von der Zielgruppe überhaupt wahrgenommen zu werden, kommt es darauf an, sich klar von anderen Anbietern abzugrenzen. Doch in der Praxis blicken nicht wenige Freiberufler und Selbstständige neidvoll auf die besonders erfolgreichen Wettbewerber und denken sich, dass es vielleicht doch eine gute Idee sein könnte, die eigene Positionierung eher durch Angleichung zu verbessern.

»Sowohl/als auch« statt »entweder/oder«

Für Selbstständige und Freiberufler, die überwiegend zu den Einzel-, Klein- oder mittelständischen Unternehmern gehören, ist es oft gar nicht so einfach, praktikable Möglichkeiten zu finden, wie sie sich von der Konkurrenz deutlich abgrenzen können. Denn je nach Branche konkurrieren sie unter Umständen mit Tausenden von Anbietern, die ganz ähnliche Leistungen oder Produkte anbieten, sich an ähnliche Zielgruppen wenden, ein ähnliches Preissegment bedienen und auch als Unternehmen ganz ähnlich aufgestellt sind wie sie selbst. In dieser Konstellation für das eigene Angebot den einen entscheidenden Unterschied zu entwickeln, der innerhalb des großen Marktes eine Abgrenzung von allen anderen möglich macht, ist vermutlich nicht oder nur in absoluten Ausnahmefällen möglich.

Zum Beispiel: Fast 2.000 Werbeagenturen in Berlin
Laut Berliner Senatsverwaltung für Wirtschaft, Technologie und Forschung gab es im Jahr 2012 allein in Berlin insgesamt fast 2.000 Werbeagenturen. Schon diese Zahl macht deutlich, dass die Abgrenzung von der Konkurrenz für die einzelne Agentur ihre Grenzen hat. Zumal die Agenturen nicht nur innerhalb der Stadtgrenzen miteinander in Wettbewerb stehen, sondern deutschland- und auch weltweit.

Eine gewisse Angleichung an das Angebot der erfolgreichen Konkurrenz ist daher manchmal kaum vermeidbar. Und der Erfolg dieser Konkurrenzangebote spricht ja auch dafür, dass es auf dem Markt einen Bedarf an diesen Leistungen oder Produkten gibt. Insofern ist eine Angleichung nicht zwangsläufig eine schlechte Idee.

Dennoch bleibt die Notwendigkeit, sich von anderen Anbietern in positiver Weise zu unterscheiden. Sie brauchen dafür jedoch alternative Strategien. Finden Sie also heraus, was Sie und Ihr Unternehmen – unabhängig von Ihrem Produkt- oder Leistungsangebot – besonders macht und zu Ihrer Erkennbarkeit auf dem Markt beitragen kann.

Das können völlig unterschiedliche Aspekte sein: Von der absoluten Zuverlässigkeit und Termintreue bei der Auftragserfüllung über die unkomplizierte Auftragsabwicklung und intelligente Projektkoordination bis hin zur professionellen Arbeitsweise und Zusammenarbeit. Auch die räumliche Nähe zur Zielgruppe und/oder sehr schnelle Reaktionszeit bei Anfragen sind durchaus erwähnenswert. Und wenn Sie unkonventionelle und innovative Lösungsansätze anwenden oder besondere Arbeitsweisen oder

Arbeitsmittel, kann auch das zu Ihrer Erkennbarkeit beitragen. Was auch immer Sie besonders macht und von anderen Unternehmen abhebt, können Sie als Unterscheidungsmerkmal verwenden. Bei manchen Unternehmen ist es der Zugriff auf vielfältige nützliche Kontakte und weitreichende Netzwerke, bei anderen ist es die kulturelle Vielfalt im Unternehmen oder die Orientierung an bestimmten Wertvorstellungen bei der Unternehmensführung. Die Möglichkeiten zur Unterscheidung sind nahezu grenzenlos. Es geht nur darum, die Besonderheit des eigenen Unternehmens selbst zu erkennen und den Kunden zu verdeutlichen.

Überlegen Sie sich, welchen besonderen Nutzen Sie Ihren Kunden – begleitend zu Ihren Leistungen oder Produkten – bieten können. Blicken Sie dafür zum Beispiel einmal auf die Aufträge der vergangenen zwei Jahre zurück und identifizieren Sie die Fälle, bei denen Sie spezielle Probleme Ihrer Kunden lösen konnten. Wie ist Ihnen die Lösung gelungen? Welche Ihrer Stärken kamen dabei zum Einsatz? Profitieren Ihre Kunden wiederholt von genau diesen Stärken? Lassen diese sich zum Alleinstellungsmerkmal ausbauen? Fragen Sie sich auch, was Ihnen bei der Arbeit besonders wichtig ist, an welchen Themen Sie sehr interessiert sind und wie Sie bevorzugt arbeiten. Überlegen Sie gleichzeitig, welche dieser Aspekte sich vielleicht kombinieren lassen und so einen zusätzlichen Nutzen für Ihre Kunden liefern könnten. Und welche Besonderheiten passen am besten zu Ihrem Leistungs- oder Produktangebot? – Wenn es Ihnen gelingt, Ihre besonderen Stärken herauszuarbeiten und diese mit Ihrem Angebot und dem Nutzen für Ihre Kunden zu verknüpfen, dann haben Sie einen vielversprechenden Ausgangspunkt für Ihre Positionierung gefunden, um sich auch bei einer gewissen Angleichung an erfolgreiche Konkurrenten mit einem Alleinstellungsmerkmal klar abzugrenzen.

Coach im Notfalleinsatz

Einem Coaching-Kollegen ist es auf eindrucksvolle Weise gelungen, sein eher konventionelles Coaching-Angebot so mit seinen persönlichen Stärken zu kombinieren, dass er sich damit eine ganz klare und einzigartige Positionierung erarbeitet hat.

Ein Schwerpunkt seiner Arbeit liegt im Coaching von Menschen, die sich in schwierigen Entscheidungssituationen befinden. Normalerweise ist die Entscheidungsfindung in solchen Fällen ein recht langwieriger Prozess. Doch manchmal muss es auch schnell gehen, zum Beispiel wenn kurzfristig ein tolles Jobangebot auf dem Tisch liegt, für das jedoch Privat- wie Berufsleben komplett umgekrempelt werden müssten. Menschen in einer solchen Situation brauchen dann schnell kompetente Unterstützung.

Der Kollege hat im Laufe seines Berufslebens erkannt, dass er genau für solche Fälle die besten Voraussetzungen mitbringt. Er kann sich sehr schnell in die Situation seiner Klienten hineindenken und die entscheidenden Zusammenhänge erfassen. Er erkennt in kurzer Zeit, was in der konkreten Situation das Wesentliche ist, und ist in der Lage, den Entscheidungsprozess darauf zu fokussieren und alles Unwichtige konsequent außen vor zu lassen (und auch die Klienten diesbezüglich immer wieder zur Disziplin zu rufen). Er hat außerdem ein Händchen für Menschen, die sich in Ausnahmesituationen befinden, und kann gut damit umgehen, wenn die Klienten irrational argumentieren und reagieren. Und es macht ihm selbst großen Spaß, für immer neue und verschiedene Problemstellungen in kurzer Zeit und mit vollster Konzentration gute Lösungen zu finden.

Dementsprechend richtete er seine Positionierung auf diese besonderen Stärken aus und etablierte sich mit der Zeit als Coach für die Entscheidungsfindung unter Zeitdruck. Mit einer Leistung, die viele andere Coachs in ebenfalls guter Qualität anbieten, konnte er sich auf diese Weise dennoch positiv von der Konkurrenz abheben, weil er sie mit seinen persönlichen Stärken verband.

Die meiste Zeit seiner Arbeit verbringt er weiterhin mit normalen Coachings.
Doch seine Coaching-Notfalleinsätze sind zu seinem Alleinstellungsmerkmal
geworden, das ihn auf dem Markt unterscheidbar macht.

Abgrenzung durch Spezialisierung

Was der Coach aus dem eben genannten Beispiel nicht gemacht hat, ist, sich auf das Notfall-Coaching zu spezialisieren und diese Nische zu seinem Hauptbetätigungsfeld zu machen. Er beließ es dabei, diese Stärke für seine Positionierung herauszustellen, und coacht weiterhin auch viele normale Fälle. Für andere Unternehmer ist das Thema »Spezialisierung« allerdings durchaus von Interesse, da hier auch für Selbstständige und Freiberufler noch Potenziale für die eigene Positionierungsstrategie bestehen. Denn eine Spezialisierung ermöglicht es, sich auf einen kleineren Teilbereich des Marktes zu fokussieren und damit auch die Zahl der Mitbewerber zu verkleinern. Das kann es leichter machen, die eigene Sichtbarkeit auf dem (Teil-)Markt zu erhöhen und positiv auf sich aufmerksam zu machen.

Dass sich das eigene Marktsegment und damit die Zahl potenzieller Kunden durch eine Spezialisierung verkleinern, muss nicht automatisch ein Nachteil sein. Denn an der Redensart »Lieber ein großer Pilz im kleinen Wald als ein kleiner Pilz im großen Wald« ist viel Wahres dran. Als ein Anbieter unter vielen nützt Ihnen der große Markt überhaupt nichts, wenn sie im unübersichtlichen Marktgetümmel einfach übersehen werden. Doch als Spezialist in einem überschaubaren Marktsegment steigen die Chancen enorm, dass Sie von Ihrer Zielgruppe auch tatsächlich wahrgenommen werden.

Vorteile und Chancen einer Spezialisierung

Eine Spezialisierung ...

... reduziert die Anzahl der Konkurrenten mit ähnlicher Ausrichtung und Qualifikation.

... erhöht die Anziehungskraft auf Kunden, da von Spezialisten aufgrund ihres Know-hows und ihrer Erfahrung besondere Kompetenzen und Leistungen sowie ein sehr gutes Verständnis für die Probleme und Bedürfnisse der Kunden erwartet werden.

... ermöglicht Ihnen, den Kunden einen besonders großen Nutzen zu bieten, da Sie bessere und passgenauere Lösungen anbieten können als Anbieter ohne Spezialisierung.

... rechtfertigt eine bessere Bezahlung.

... verringert die Streuverluste (und damit die Kosten) beim Marketing und bei der Kundenansprache, da Sie auf Ihrem Spezialgebiet überzeugender und glaubwürdiger sind und Kunden gezielter ansprechen können.

... ermöglicht Ihnen, Veränderungen auf Ihrem Spezialgebiet und auf dem Markt schneller zu erfassen und zu beurteilen und angemessen darauf zu reagieren.

... verschafft Ihnen Souveränität im Umgang mit der Informationsflut, da Sie sicher beurteilen können, welche Informationsquellen für Ihr Spezialgebiet relevant und zuverlässig sind.

... gibt Ihnen auch persönlich mehr Selbstsicherheit und Souveränität, sodass sich Ihre persönliche Wirkung und Überzeugungskraft verbessern.

Als Freiberufler oder Selbstständiger können Sie sich auf verschiedene Art und Weise spezialisieren: Sie können sich entweder auf ein bestimmtes Produkt, eine ausgewählte Leistung beziehungsweise ein einzelnes Fachgebiet konzentrieren. Oder Sie spezialisieren sich auf ein klar definiertes Problem/Bedürfnis Ihrer Zielgruppe, für das Sie dann verschiedene Produkte oder Leistungen anbieten. Als dritte Variante können Sie Ihr Angebot auch auf eine spezielle Zielgruppe ausrichten.

Ob und welche Spezialisierung der richtige Weg für Sie ist, können nur Sie selbst entscheiden. Die Antwort auf diese Frage ist insbesondere bei Einzel- und kleinen Unternehmen in hohem Maße von Ihnen als Unternehmer abhängig, denn schließlich sind Sie es, der diese Spezialisierung in die Praxis umsetzt. Wichtig sind also Fragen danach, was zu Ihren Stärken zählt, was Sie besonders gut können, wofür Sie sich brennend interessieren, welche Arbeiten Sie auch langfristig mit Begeisterung und Elan erledigen und für welche Kunden Sie wirklich gern arbeiten und außergewöhnliche Leistungen erbringen können. Doch nicht nur die Voraussetzungen auf Ihrer Seite müssen stimmen, sondern auch die Bedingungen am Markt: Gibt der entsprechende Teilmarkt genug her? Ist der Bedarf an der Spezialisierung groß genug? Wie sieht es mit ebenfalls spezialisierten Mitbewerbern aus? Ist absehbar, wie sich dieses Marktsegment und Ihr Spezialgebiet entwickeln werden? – Die Entscheidung für eine Spezialisierung ist also keine Kleinigkeit und sollte wohlüberlegt erfolgen.

Nachteile und Risiken einer Spezialisierung

Durch Fortschritte, Innovationen, Trends oder Gesetzesänderungen können Spezialisierungen veralten und der Bedarf an dem Angebot kann drastisch sinken.

Ist das eigene Spezialgebiet obsolet geworden, kann es sehr aufwendig sein, sich umzuorientieren, da das Wissen und die Kompetenzen in der Breite fehlen.

Die dauerhafte Beschäftigung mit einem begrenzten Spezialgebiet kann für einen Unternehmer auf lange Sicht uninteressant und eintönig werden.

Die Beschränkung und Konzentration auf ein einzelnes Gebiet erhöhen die Gefahr, betriebsblind zu werden und nicht mehr über den Tellerrand hinausblicken zu können.

Manche Spezialisten verlieren sich in ihrem Spezialgebiet und haben dann kein Gefühl mehr für die Bedürfnisse und Wünsche der Kunden. Statt einer praktischen Lösung für ein Problem liefern sie dann zum Beispiel eine ausführliche Analyse, die dem Kunden nichts nützt. Oder sie reden nur Fachchinesisch, was der Kunde nicht versteht.

6.3 Klar am Kunden orientiert

Obwohl wir hier bisher vor allem über den Markt, die Konkurrenz und die Mitbewerber gesprochen haben: Entscheidend bei der Positionierung ist es, die Kunden nicht aus dem Blick zu verlieren. Der Bedarf der Kunden und der Nutzen, den Sie mit Ihren Leistungen oder Produkten bieten, sind die Fixpunkte, an denen Sie sich orientieren. Schließlich ist die Positionierung kein Selbstzweck, sondern hat das Ziel, dass Sie und Ihr Unternehmen von den Kunden wahrgenommen und gegenüber anderen Anbietern bevorzugt werden. Damit das gelingt, ist es wichtig, dass Sie Ihre Positionierung ganz klar am Kunden orientieren.

Positionierung mit Blick auf die Wunschkunden

Die gezielte Ausrichtung am Kunden hat einen unternehmerischen und auch einen persönlichen Aspekt. Der unternehmerische liegt auf der Hand: Wer Umsatz machen will, braucht Kunden. Und die lassen sich am besten mit einem Angebot erreichen, das ihnen einen Nutzen liefert und ihre Bedürfnisse anspricht. Allerdings müssen sie dieses passende Angebot auf dem Markt auch erkennen können, weshalb Sie als Anbieter eine passende Positionierung brauchen. Es ist für Sie also entscheidend, sich so zu positionieren, dass Ihre Zielgruppe erkennt, dass Sie genau der richtige Anbieter sind.

Das kann darüber hinaus auch unter einem persönlichen Gesichtspunkt von Bedeutung sein. Denn es spricht für Sie als Selbstständigen oder Freiberufler alles dafür, sich nicht nur auf die passenden Kunden zu konzentrieren, sondern tatsächlich auf Ihre Wunschkunden. Das ist ein Aspekt, der insbesondere für Einzel- oder Kleinunternehmer sehr bedeutsam sein kann, denn in der eigenen Arbeit steckt meist viel Herzblut und ein großer persönlicher Anteil. Wenn man dann mit Kunden zu tun hat, die diese Arbeit nicht wertschätzen, wiederholt für Ärger und Stress sorgen, überwiegend

Die Positionierung orientiert sich immer am Bedarf der Kunden und am Nutzen, den Sie mit Ihren Leistungen oder Produkten bieten.

ungeliebte Aufträge vergeben oder mit denen es in der Zusammenarbeit auf der persönlichen Ebene nicht gut funktioniert, dann kann einem schon einmal der Spaß an der Arbeit vergehen. Und wenn man so eng mit der Arbeit verbunden ist, wie Selbstständige und Freiberufler es üblicherweise sind, kann das schnell für Frust sorgen.

Richten Sie Ihre Positionierung auf Ihre Wunschkunden aus!

Fragen Sie sich dafür:

- Mit welchen Kunden haben Sie bisher besonders gute Erfahrungen in der Zusammenarbeit gemacht? Was genau hat diese gute Zusammenarbeit ausgemacht?
- Mit welchen Kunden möchten Sie in Zukunft weiterhin zusammenarbeiten?
- Welche Aufträge oder Kunden nennen Sie gern als Referenzen? Aus welchen Gründen?
- Was haben diese guten Kunden gemeinsam?
- Wie sind diese Kunden zu Ihren Kunden geworden (auf Empfehlung, über Ihre Website, über ein Business-Netzwerk et cetera)?
- Welche Ihrer Stärken sind bei diesen Kunden besonders zum Tragen gekommen?
- Spiegeln sich diese Stärken in Ihrer Positionierung wider? Sind sie Ihren Kunden bewusst und auch für potenzielle Neukunden erkennbar?
- Wie können Sie diese Stärken besonders herausstellen und gezielt darauf aufmerksam machen, um für ähnliche Kunden attraktiv zu sein?

Die eigene Positionierung klar kommunizieren

Sich in den Augen eines Kunden mit einer guten Positionierung von der Konkurrenz abzuheben, gelingt nur, wenn diese Positionierung klar kommuniziert wird. Das ist vor allem dann nicht ganz einfach, wenn Ihre Positionierung sich nicht auf konkrete Produkte oder Leistungen oder auf eine Spezialisierung stützt, sondern auf besondere Stärken und Aspekte, wie sie oben erwähnt wurden (professionelle Zusammenarbeit, schnelle Auffassungsgabe, Unternehmensethik et cetera). Diese eher abstrakten Gesichtspunkte in der Kommunikation zu verdeutlichen, fällt vielen schwer. Das führt dann dazu, dass man beispielsweise auf vielen Websites von Selbstständigen und Freiberuflern zwar erfährt, was diese Unternehmer im Detail anbieten und welche Qualifikationen und Referenzen sie vorweisen können. Wofür sie stehen, was sie ausmacht und was sie von anderen unterscheidet, erfährt man jedoch meistens nicht. Von Unterscheidbarkeit keine Spur.

Tipp

Vergessen Sie das Neinsagen nicht! Die Entscheidung für eine bestimmte Kundengruppe bedeutet nämlich auch die Entscheidung gegen andere Kundengruppen. Diesen Umstand verdrängen viele Selbstständige und Freiberufler gern. Doch wer konsequent seine eigene Positionierung etablieren und ausbauen will, kommt nicht umhin, zu Kunden und Aufträgen, die im Widerspruch zur eigenen Positionierung stehen, Nein zu sagen.

Auch wenn es schwierig ist: Wenn Sie wissen, was Sie ausmacht, was Sie Besonderes zu bieten haben und was Sie individuell unterscheidbar macht, dann ist es absolut notwendig, dass Sie das konkret in Worte fassen. Auf Ihrer Website und in allen Kommunikationsmitteln, die Sie verwenden. Ebenso in Kundengesprächen, Preisverhandlungen, Angebotsschreiben und in Telefonaten mit einem Interessenten. Verzichten Sie dabei unbedingt auf Floskeln und typisches Marketingvokabular. Kommunizieren Sie authentisch. Nicht in jedem Fall kommt es beispielsweise darauf an, mit stilistisch ausgefeilten Sätzen zu brillieren. Ein Unternehmer mit einem Cateringbetrieb, der Partys und Familienfeiern beliefert, überzeugt vermutlich mehr mit einer erkennbaren Leidenschaft für seine Lieblingsrezepte als mit einem geschliffenen Text über die Kundenfreundlichkeit im Allgemeinen.

In der Kommunikation zeigt sich auch, ob Ihre Positionierung stimmig ist und ob Sie tatsächlich zu dem stehen können, was Sie als Ihre Positionierung identifiziert haben. Wenn Sie beispielsweise Ihre Unternehmensethik als ein besonderes Merkmal hervorheben wollen, sich dann jedoch scheuen, gegenüber bestimmten Kunden oder Interessenten Ihre Wertvorstellungen zu kommunizieren, dann nützt Ihnen Ihre Unternehmensethik für die Positionierung überhaupt nichts. Das heißt nicht, dass Sie Ihre Unternehmensethik fallen lassen sollen. Es heißt allerdings, dass sich dieser Aspekt unter Umständen nicht für Ihre Positionierung eignet oder dass Sie noch nicht ausreichend Klarheit über die Bedeutung dieser Stärke erlangt haben, um Ihre Scheu abzulegen.

Seien Sie mutig und beziehen Sie klar Position. Stehen Sie zu dem, was Sie ausmacht. Machen Sie deutlich, was Sie zu bieten haben und was Sie von anderen unterscheidet. – Kunden, denen das nicht gefällt, gehören ohnehin nicht zu Ihrer Zielgruppe.

Positionierung bedeutet: Position beziehen und halten!

So wichtig die gezielte Kommunikation Ihrer Positionierung ist – am Ende kommt es darauf an, dass Sie auch im Handeln zeigen, wofür Sie stehen. Ihre wahre Positionierung zeigt sich nicht auf Ihrer Website, sondern in Ihrem täglichen Handeln und Verhalten.

Bleiben Sie Ihrer Positionierung treu. Konzentrieren Sie sich auf Kunden und Aufträge, die zu Ihrer Positionierung passen.

Haben Sie den Mut, Aufträge abzulehnen, wenn diese in echtem Widerspruch zu Ihrer Positionierung stehen.

Gestalten Sie Ihren gesamten Geschäftsalltag so, dass sich darin Ihre Positionierung widerspiegelt und keine Widersprüche entstehen.

Finden Sie Möglichkeiten, um mit dem, was Sie auszeichnet, aktiv in Erscheinung zu treten, zum Beispiel:

• Liefern Sie Ihrer Zielgruppe nützlichen Content, der zu Ihrer Positionierung passt, beispielsweise in einem Blog, einem Podcast oder mit einem Vortrag.

- Nutzen Sie Branchentreffen (Stammtische, Konferenzen, Barcamps et cetera), um dort Ihre Position zu vertreten.
- Bringen Sie sich in Business-Netzwerke ein und beziehen Sie dort klar Position.
- Bringen Sie sich und Ihre Position in Fachdiskussionen ein.
- Bleiben Sie langfristig am Ball. Die Effekte einer guten Positionierung zeigen sich nicht sofort und manchmal auch nur auf Umwegen.
- Überprüfen Sie regelmäßig, ob Ihre Positionierung noch passt.

6.4 Wenn die Positionierung nicht mehr passt

Eine einmal gefundene Positionierung ist allerdings nichts für die Ewigkeit. Im Gegenteil sogar: Sie gehört regelmäßig auf den Prüfstand, denn es gibt etliche Faktoren, die es erforderlich machen können, die eigene Positionierung nachzujustieren oder sogar komplett neu auszurichten. Zum Beispiel:

Veränderungen auf dem Markt: Der Markt ist kein statisches Gebilde, sondern stets in Bewegung. Konkurrenten kommen und gehen oder modifizieren ihr Angebot. Die Wünsche und Bedürfnisse der Zielgruppe verändern sich. Technologische Entwicklungen machen neuartige Produkte und Leistungen möglich und/oder verdrängen etablierte Angebote. Moden und Trends verschieben Marktanteile. Gesetzliche Neuerungen befördern die Nachfrage nach bestimmten Angeboten und lassen andere in der Versenkung verschwinden. – Jeden Tag kann sich Ihr Markt verändern und Ihre Positionierung im Extremfall komplett hinfällig werden. Es ist also unverzichtbar, dass Sie den Markt immer im Auge behalten und überprüfen, ob Ihre Positionierung noch passt. Als kleinerer Unternehmer haben Sie hierbei sogar einen Vorteil: Erstens sind Sie in der Regel näher am Marktgeschehen dran als die Entscheider in großen Konzernen. Sie bekommen es meist direkt zu spüren, wenn sich am Markt etwas tut, und brauchen dafür nicht erst auf Marktanalysen zu warten. So können Sie frühzeitig erkennen, wenn eine Neuausrichtung oder Anpassung erforderlich ist.

Veränderungen im Unternehmen: Ebenso wie der Markt verändern sich auch Unternehmen selbst. Das Ausscheiden eines Firmengesellschafters oder angestellter Fachkräfte kann dazu führen, dass dem Unternehmen bestimmtes Know-how verloren geht. Oder ein neuer Mitarbeiter bringt neues Know-how in die Firma ein. Firmen ändern ihren Standort, ihre Größe, ihre Reichweite, ihr Image; sie werden bekannter oder verlieren an Bekanntheit; sie werden sehr erfolgreich oder geraten gegenüber der Konkurrenz ins Hintertreffen. – Veränderungen wie diese können ebenfalls eine Anpassung oder Neuausrichtung Ihrer Positionierung erforderlich machen. Und das gilt sowohl für die Veränderungen, die Sie als Unternehmer selbst aktiv gestalten, als auch für die, auf die Sie keinen direkten Einfluss haben.

Persönliche Veränderungen: Auch Sie als Unternehmer verharren nicht in einem gleichbleibenden Zustand, weshalb Veränderungen bei der eigenen Positionierung auch infolge persönlicher Entwicklungen erforderlich werden können. Diese Entwicklungen können ganz unterschiedlicher Natur sein. Bei manchen Unternehmern verschiebt sich zum Beispiel mit der Zeit der Fokus des fachlichen Interesses oder sie bilden sich weiter, womit sich auch das eigene Angebot oder die eigene Expertise verschieben können. Oder sie entwickeln bestimmte Angebote weiter, indem sie sie verfeinern, ausbauen, vertiefen oder auch auf ihren Kern reduzieren. Einige Unternehmer, insbesondere wenn sie bereits einige Jahre im Geschäft sind, entwickeln auch den Wunsch, mehr Geld zu verdienen, wofür sie sich dann in einem anderen Marktsegment positionieren müssten. Es kommt auch vor, dass Unternehmer ihre Meinung zu bestimmten Dingen ändern und beispielsweise von bisher genutzten Methoden, Standorten, Materialien, Partnerschaften oder auch von gesetzten unternehmerischen Zielen nicht mehr überzeugt sind und entsprechende Veränderungen einleiten.

Und auch die privaten Lebensumstände können sich so verändern, dass das Auswirkungen auf das eigene Unternehmen hat. Die Gründung einer Familie zum Beispiel reduziert nicht selten die Bereitschaft des Unternehmers, zeitlich und räumlich flexibel zu arbeiten. Andersherum wollen Unternehmer, deren Kinder erwachsen und aus dem Haus sind, vielleicht noch einmal richtig durchstarten und ihr Geschäft ausbauen. Welche Veränderung auch immer es sein wird – Ihre persönliche Entwicklung schlägt sich in Ihrer Unternehmung und damit auch in Ihrer Positionierung nieder.

Wenn es um eine Anpassung oder Neuausrichtung Ihrer Positionierung geht, kommt Ihnen zugute, dass Sie als kleines oder mittleres Unternehmen recht schnell auf Veränderungen reagieren können. Für eine neue oder veränderte Positionierung brauchen Sie nicht sehr viel Zeit. Sobald Sie wissen, wohin es gehen soll, können Sie zügig die entsprechenden Maßnahmen ergreifen. Sehr große Unternehmen sind hier deutlich schwerfälliger und können oft nur mit größerer Verzögerung einen neuen Kurs einschlagen.

Dass Sie auf Veränderungen reagieren, ist jedoch mehr als eine Möglichkeit. Es ist eine Notwendigkeit. Denn wenn die tatsächlichen Gegebenheiten mit Ihrer Positionierung nicht mehr übereinstimmen und Sie somit die Erwartungen, die Sie wecken, nicht mehr erfüllen können, verliert die Positionierung ihre positive Wirkung. Kunden und Interessenten können nicht mehr klar erkennen, was Sie und Ihr Angebot auszeichnet, weil Positionierung und Wirklichkeit nicht mehr richtig zusammenpassen. Im schlechtesten Fall enttäuschen oder verärgern Sie Kunden und Interessenten sogar, weil Sie nicht einlösen, wofür Sie angeblich stehen.

Wie gesagt: Es ist so eine Sache mit der Positionierung. Wer sie vernachlässigt, wird mit seinem Unternehmen an einem bestimmten Punkt nicht mehr weiterkommen. Doch wer die Positionierung allein als Allheilmittel für den Unternehmenserfolg betrachtet, wird auch nicht zum Ziel kommen. Die Versprechen der Positionierung sind groß, ihre Wirklichkeit hält jedoch viele Herausforderungen und auch Schwierigkeiten bereit und ist längst nicht so rosig, wie manchmal suggeriert wird. Positionierung ist Arbeit und sie erfordert von Ihnen als Unternehmer Konsequenz, Mut und Durchhaltevermögen. Doch es lohnt sich.

7.
Endlich mehr Aufträge

Ein großer Reiz der Selbstständigkeit ist die Eigenverantwortlichkeit. Niemand sagt Ihnen, was Sie zu tun oder zu lassen haben – Sie entscheiden selbst, welchen Aufgaben Sie sich stellen. Das allerdings birgt auch die Gefahr, dass gerade die unliebsamen Aufgaben leicht vernachlässigt werden. Und neue Aufträge für das eigene Unternehmen zu sichern, zählt zu den weniger beliebten Aufgaben – dabei ist sie eine der wichtigsten, die Sie haben. Es ist eine schlichte Notwendigkeit, sich bereits heute um die Geschäfte und damit um die existenzielle Grundlage von morgen zu kümmern. Ihre geschäftliche Zukunft hängt ganz erheblich davon ab, ob es Ihnen gelingt, ständig neue Aufträge hereinzuholen. Es wäre also mehr als fahrlässig, einfach nur abzuwarten, was passiert. Allerdings bringt es Sie auch nicht weiter, wenn Sie viel Zeit, Energie und Geld investieren und am Ende wenig dabei herauskommt.

7.1 Woher die Aufträge kommen

Vielen Selbstständigen, Freiberuflern und Unternehmern ist die Vielzahl der Möglichkeiten, neue Aufträge zu bekommen, gar nicht bewusst. Sie denken dabei zunächst nur an die Neukundengewinnung und an das klassische Marketing mittels Werbung und Akquise. So, wie es die meisten kennen, ist jedoch beides nicht mehr zeitgemäß und gerade für etliche kleinere Unternehmen auch nicht sehr Erfolg versprechend.

Was heute für die Mehrheit der Selbstständigen und kleineren Unternehmen definitiv nicht mehr funktioniert, sind:

Direktmails und andere Massenaussendungen: Der zeitliche Aufwand steht hier in keinem guten Verhältnis zum Rücklauf und der Streueffekt ist zu groß. Die meisten Aussendungen dieser Art verpuffen daher, übrigens auch deshalb, weil sie einfallslos umgesetzt werden und für so manchen

Selbstständigen eher eine Alibifunktion haben: Jeder weiß, dass Maßnahmen zur Auftragsgewinnung unumgänglich sind, also werden mehr oder weniger willkürlich Hunderte E-Mails oder Flyer versendet. Anschließend kann man sich sagen, dass man es wenigstens versucht hat. Ersparen Sie sich und Ihren potenziellen Kunden solche Aussendungen!

Printanzeigen: Sie kosten viel Geld, haben in der Regel ebenfalls sehr große Streuverluste und bringen vielfach nicht einmal die investierten Kosten wieder rein. Allenfalls Anzeigen in Fachpublikationen, die sich an die gleiche Zielgruppe richten wie Sie selbst, können einige positive Effekte bringen. Da die Kosten auch hier hoch, die Erfolgsaussichten jedoch zweifelhaft sind, ist mein Tipp: Wenn Sie gerade Geld übrig haben, können Sie es ruhig einmal versuchen, ob es was bringt. Wer sich das nicht ohne Weiteres leisten kann, kann sich den Versuch auch einfach sparen.

Kaltakquisen: Sie sind bei Selbstständigen überaus unbeliebt. Sie werden jedoch immer wieder als probates Instrument der Neukundengewinnung propagiert. Als Folge quälen sich viele Selbstständige damit herum, lernen, was sie bei Akquiseanrufen alles besser machen können, und müssen sich belehren lassen, dass sie ihre Abscheu gegen die Kaltakquise überwinden müssten. Warum überhaupt? Denken Sie einmal an sich selbst als Kunden: Haben Sie jemals infolge von Kaltakquise irgendetwas gekauft oder beauftragt? Ich habe selbst genau überlegt und kann mich beim besten Willen nicht daran erinnern, jemals infolge einer echten Kaltakquise irgendwo zum Kunden geworden zu sein. Und ich glaube nicht, dass ich hier eine Ausnahme bin. Wenn Sie also keine Lust haben, Kaltakquise zu betreiben, und sich ohnehin nur mit aller Macht dazu zwingen müssten, lassen Sie es einfach!

Auch jenseits von Kaltakquise und Massenaussendungen gibt es für Unternehmer etliche Möglichkeiten, neue Kunden und Aufträge zu akquirieren.

Allerdings meine ich damit die echte Kaltakquise, also den Versuch, völlig unbekannte Menschen durch persönliche Kontaktaufnahme als Kunden zu gewinnen. Ganz anders sieht es aus, wenn die potenziellen Neukunden Ihnen nicht gänzlich unbekannt sind. Sobald Sie bildlich gesprochen wenigstens schon einmal den kleinen Zeh in der Tür haben, sieht die Sache ganz anders aus. Hier steckt viel Potenzial.

Das ganze Potenzial von Bestandskunden nutzen

Eine wirkungsvolle Akquisition von neuen Kunden und/oder Aufträgen unterscheidet sich gleich in mehreren Punkten vom allgemein verbreiteten Bild, das dazu führt, dass sich Anbieter bei der Kaltakquise wie lästige Bittsteller fühlen. In Wirklichkeit geht es keineswegs darum, arglose potenzielle Kunden mit Spammails zu bombardieren, sie mit unerwünschten Briefen zu überhäufen oder mit Anrufen zu penetrieren. Solche Methoden bringen nur Verärgerung auf beiden Seiten mit sich und sind damit wohl auch verantwortlich für den schlechten Ruf, den die Akquise noch immer hat. Eine wirkungsvolle Akquise verläuft zielgerichtet statt willkürlich, mit viel Einfühlungsvermögen statt aggressiv und baut auf Seriosität statt auf leere Versprechungen. Unter diesen Vorzeichen verliert die Akquise auch gleich an Schrecken – zumal es gar nicht darum geht, völlig Fremde, deren Bedarf Sie gar nicht kennen, von den Vorteilen Ihrer Leistungen überzeugen zu wollen.

Das Potenzial liegt bei Ihren bereits vorhandenen Kunden und bei denen, die Sie – wenn auch nur um drei Ecken – bereits kennen. Beginnen wir mit Ihren bereits vorhandenen Kunden: Sind Sie sicher, dass Sie hier tatsächlich bereits alle Aufträge bekommen, die Sie bekommen könnten? Oft ist das nicht der Fall. Insbesondere dann nicht, wenn Ihr Kunde noch gar nicht weiß, was Sie alles leisten können.

Ein geradezu typisches Beispiel dafür ist mir selbst bekannt: *Ein System-administrator hat gemeinsam mit einem weiteren IT-Spezialisten und zwei Webdesignern eine gemeinsame Firma. Die beiden IT-Experten kümmern sich um Soft- und Hardwareprobleme fast aller Art und arbeiten ausschließlich für Geschäftskunden. Beide haben einen hervorragenden Ruf und ein umfangreiches Fachwissen. Täglich sind sie in verschiedenen Unternehmen, um dort technische Probleme zu beheben. All diese Unternehmen haben auch eine Website, allerdings wissen viele dieser Unternehmen gar nicht, dass das Unternehmen ihres IT-Dienstleisters auch Websites erstellt und pflegt.* – Ein Manko, das in ähnlicher Weise auch für viele andere Anbieter gilt: Die eigenen Kunden wissen gar nicht richtig, mit was für einem Unternehmen sie es genau zu tun haben.

Ist das bei Ihnen auch so? Kennen Ihre Kunden tatsächlich alle Leistungen, die Sie anbieten? Denken Sie daran: Wenn Ihre Kunden Ihr Leistungsangebot nicht kennen, können sie Sie auch nicht mit zusätzlichen Leistungen beauftragen. Dabei führt der einfachste Weg zu mehr Aufträgen über Ihre Bestandskunden. Es ist nicht die Aufgabe Ihres Kunden, herauszubekommen oder zu erraten, welche Leistungsspannbreite Sie anbieten. Fragen Sie sich deshalb bei all Ihren Kunden selbst, welche Ihrer Leistungen Ihr Kunde noch gebrauchen könnte – und machen Sie gegenüber den Kunden deutlich, was Sie können.

Tipp

Wenn Sie nicht sicher sind, ob Ihre Kunden tatsächlich Ihr gesamtes Leistungsangebot kennen: Sprechen Sie Ihre Kunden einfach darauf an und fragen Sie nach! Nur so können Sie sicherstellen, das gesamte Auftragspotenzial Ihrer Kunden für sich zu erschließen.

Die Kunden Ihrer Kunden

Gehen Sie sogar noch einen Schritt weiter: Ihre Kunden haben auch Kunden, Geschäftspartner und Lieferanten. Wenn ein Kunde zufrieden und begeistert ist, wird er Sie gerne weiterempfehlen – und zwar genau bei den Menschen, die potenziell Interesse an Ihrem Angebot haben! Hiervon profitieren sowohl Sie selbst als auch Ihr Kunde (als Tippgeber) und der Empfehlungsempfänger (der den direkten Draht zu einem guten Anbieter quasi frei Haus geliefert bekommt). Und wo alle profitieren, gilt es, keine falsche Zurückhaltung an den Tag zu legen: Werden Sie aktiv, bieten Sie sich an und helfen Sie Ihren Kunden ein wenig auf die Sprünge, damit sie Sie an andere Unternehmen weiterempfehlen. Fragen Sie sich, wen Ihr Kunde alles kennen könnte, schauen Sie auf seiner Website nach, mit wem Ihr Kunde zusammenarbeitet, und gehen Sie in die Offensive. In den meisten Fällen führt eine Empfehlung auch tatsächlich dazu, dass das empfohlene Unternehmen schließlich bevorzugt wird. Denn wir alle sind sehr empfänglich für Tipps und Hinweise von Bekannten. Im Empfehlungsmarketing steckt also ein riesiges Potenzial, und es ist die beste Gelegenheit, um Ihren Kundenstamm mit einfachen Mitteln ganz gezielt und effektiv zu erweitern. Da es praktisch keine Streuverluste gibt, lohnt sich Ihr Einsatz hier in jedem Fall. (Mehr zu diesem wichtigen Thema finden Sie in dem Kapitel *Aktives Empfehlungsmarketing* ab Seite 162.)

Tipp

Machen Sie dem Empfehlungsgeber keine Konkurrenz! Es gehört zum guten Stil eines Unternehmers, eigenen Kunden und Empfehlungsgebern keine Aufträge abspenstig zu machen. Richten Sie Ihre Bemühungen daher nicht auf solche Kunden Ihres Kunden, denen Sie dieselbe Leistung anbieten würden wie Ihr eigener Kunde.

Aufmerksamkeit durch Referenzkunden

Viele selbstständige Unternehmer kennen es: Zuerst laufen die Geschäfte ganz ordentlich und ab einem gewissen Zeitpunkt spielen sie plötzlich beinahe in einer ganz anderen Liga. Die Ursache dafür sind sehr häufig Referenzkunden mit einem hohen Bekanntheitsgrad und/oder einer hohen Reputation. Dieses Ansehen färbt auf die Anbieter ab, die für einen solchen Kunden arbeiten, und wird zu einem wahren Zugpferd. Davon können auch Sie profitieren. Wenn Sie nun sagen, dass Sie solche Referenzkunden leider nicht haben, ist meine erste Frage: Sind Sie sich da sicher? – Bei dem Stichwort Referenzkunde denken viele Selbstständige zuerst an bekannte Konzerne. Und natürlich, wer für derart bekannte Unternehmen arbeitet, steigert damit sofort seinen eigenen Bekanntheitsgrad. Allerdings kann das auch mithilfe vieler anderer Kunden gelingen. Wenn Sie einen (oder mehrere) Kunden haben, für den Sie wirklich gerne arbeiten, mit dem Sie bereits besonders gelungene Projekte realisiert haben – und wenn dieser Kunde obendrein genau zu Ihrer Positionierung passt, können Sie einen solchen Kunden zum Referenzkunden aufbauen. Denn von solchen Kunden gibt es sicher noch mehr. Ihr Referenzkunde verhilft Ihnen dazu, dass Ihr Name im richtigen Kontext auftaucht. Das ist bereits die halbe Miete. Ihre Aufgabe ist es, dafür zu sorgen, dass Ihr Name tatsächlich mit dem Ihres Kunden in Verbindung gebracht wird. Zeigen Sie (beispielsweise auf Ihrer Website), was Sie bereits alles für Ihren Referenzkunden geleistet haben. Sprechen Sie mit Ihrem Kunden darüber, dass er Sie seinerseits auf seiner Website erwähnt. Und nutzen Sie die gute Zusammenarbeit mit einem solchen Kunden unbedingt für Ihr Empfehlungsmarketing!

Die eigene Sichtbarkeit verbessern

Viele Grundsätze einer erfolgreichen Selbstständigkeit klingen recht simpel. Das trifft auch auf die Sichtbarkeit zu: Wenn Ihre potenziellen Kunden nicht wissen, dass es Sie gibt, können sie Ihnen auch keine Aufträge erteilen. Alles, was zur Verbesserung Ihrer Sichtbarkeit beiträgt, ist daher ein wichtiger Schritt hin zu mehr Aufträgen. Wichtig ist jedoch, dass Sie Ihre Sichtbarkeit im richtigen Kontext und dort erhöhen, wo Ihre (Wunsch-) Kunden Sie finden können. Immer geht es darum, Präsenz zu zeigen. Dafür gibt es zahlreiche unterschiedliche Möglichkeiten, die auch parallel genutzt werden können: Optimierung der eigenen Webpräsenz in Verbindung mit der Nutzung sozialer Medien, persönliche Teilnahme an Messen und Fachtagungen Ihrer Zielgruppe, selbst zu wichtigen Themen Ihrer Kunden publizieren – die Möglichkeiten sind nahezu unbegrenzt. Letztlich kommt kein Unternehmen daran vorbei, sich eingehend mit der eigenen Sichtbarkeit für potenzielle Kunden zu befassen und praktikable Wege zu finden, diese zu steigern. Beginnen Sie vielleicht einfach damit, sich selbst zu googeln, und fragen Sie sich, ob der Kontext und die Art und Weise, wie Sie im Internet auftreten, potenzielle (Wunsch-)Kunden tatsächlich dazu animiert, ausgerechnet Sie zu beauftragen. Gehen Sie noch einen Schritt weiter und überprüfen Sie Ihre Sichtbarkeit ohne direkte Verbindung mit Ihrem Namen beziehungsweise mit dem Namen Ihres Unternehmens, also nur mit Suchbegriffen, die Kunden bei einer Onlinesuche wahrscheinlich eingeben würden. Schließlich wollen Sie auch Kunden gewinnen, die Sie noch nicht persönlich kennen. Optimal ist es, wenn Ihr Unternehmen auch dann in den vorderen Plätzen der Trefferliste erscheint. – Bei aller Bedeutung des Internets: Vernachlässigen Sie dennoch nicht Ihre persönliche Sichtbarkeit. Zeigen Sie also auch persönliche Präsenz, wo es sinnvoll ist. Gerade lokal ansässige Kunden können auch heute noch durch den persönlichen Kontakt oft besser überzeugt werden als durch Onlineaktivitäten. Fazit: Beides ist wichtig!

Netzwerke bauen und pflegen

Jeder, wirklich jeder Selbstständige braucht ein Netzwerk – es muss noch nicht einmal außerordentlich groß sein, sondern vor allem zum eigenen Bedarf passen. Denn vielfach ist es die Kombination aus der eigenen Leistungsfähigkeit und den richtigen Beziehungen zur rechten Zeit, die über den Erfolg entscheidet. Schließlich nützen gute Leistungen wenig, wenn keiner davon erfährt. Wer keine Fürsprecher hat, nicht weiß, an wen er sich wenden soll, und allein auf weiter Flur steht, hat es gerade als Selbstständiger ungleich schwerer als ein anderer, der auf ein weites und tragfähiges Netzwerk zurückgreifen kann. Gleichzeitig steigert ein Netzwerk Ihren Bekanntheitsgrad und erhöht Ihre Sichtbarkeit. Überlegen Sie also, wer etwas für Sie tun könnte. Und auch, für wen Sie etwas tun könnten. Rufen Sie sich Ihre Geschäftsbeziehungen ins Gedächtnis, und verschaffen Sie sich Übersicht darüber, wer hier als Partner infrage kommt. So entstehen wertvolle Netzwerke, die Ihnen ganz neue Möglichkeiten eröffnen können. Das betrifft insbesondere die Auftragsgewinnung, wenn sich beispielsweise Ihre Angebote und Leistungen und die Ihrer Netzwerkpartner gegenseitig ergänzen. Sie vervielfachen Ihre Chancen auf neue Aufträge, wenn Sie Teil eines Netzwerkes sind, denn ein Netzwerk vergrößert Ihren Einfluss- und Wirkungskreis ganz ungemein. Wenn Sie über die richtigen persönlichen Kontakte verfügen, können all diese Netzwerkpartner für Sie Werbung machen. Und Sie können sich gegenseitig unterstützen – um sich bei Auftragsspitzen gegenseitig auszuhelfen oder einen anderen aus dem Netzwerk zu empfehlen, der helfen könnte. Wirkungsvoll ist in den meisten Fällen ein durchmischtes Netzwerk, das also sowohl aus Personen der eigenen als auch aus Personen anderer Branchen besteht.

Firmenstandort – auch heute noch von Bedeutung

In Zeiten der Digitalisierung wird dem Firmenstandort bei Dienstleistern immer weniger Bedeutung beigemessen. Arbeiten kann man schließlich immer und überall. Der Standort kann dennoch auch heute noch ein wesentlicher Faktor für die Auftragsgewinnung sein – und zwar noch völlig unabhängig davon, dass Köln, Hamburg oder Berlin einfach besser klingen als Eisenhüttenstadt. In vielen Branchen kann es – vor allem mit Blick auf Kooperationen und Netzwerke – von großem Vorteil sein, sich ganz bewusst für ein Gemeinschaftsbüro mit mehreren branchennahen Kollegen zu entscheiden. In diesen Fällen hat man das Netzwerk quasi gleich mitgemietet. Solche Konstellationen können neue Chancen für die Kundengewinnung eröffnen, sie fördern den gemeinsamen Austausch, die Beteiligten können sich gegenseitig Impulse geben und auch mit einer gemeinsamen Außendarstellung auftreten. Gerade dieser Punkt kann, je nach Branche, große Vorteile bei der Kundengewinnung bringen, zumal dann, wenn es um größere Aufträge geht, die von vielen Auftraggebern bewusst nicht an Einzelkämpfer vergeben werden. Wenn Sie sich also durch Ihren Standort als Teil eines leistungsfähigen Netzwerkes präsentieren, bringt das durchaus Vorteile für die Auftragsgewinnung mit sich.

Ein weiterer Aspekt der Standortwahl ist die räumliche Nähe zu potenziellen Kunden. Dafür ein Beispiel: Ein mir bekannter in Berlin ansässiger Dienstleister hat sich sehr klar positioniert und auf die Arbeit für Verbände und andere Organisationen spezialisiert. Gleich mehrere dieser Verbände haben ihren Standort in einem Teilbezirk von Berlin-Mitte. Der besagte Dienstleister hat entschieden, sein Büro ebenfalls dorthin zu verlegen, und profitiert außerordentlich davon – er ist sozusagen vor Ort, kann schnell reagieren und seine Kunden zu Fuß erreichen. Das wissen seine Kunden zu schätzen und wenn ein Verband einen Dienstleister sucht, entscheidet er sich natürlich eher für den Anbieter von nebenan als für einen vom anderen Ende oder außerhalb der Stadt. So kann die Standortwahl, auch in Zeiten der Digitalisierung und selbst in einer Großstadt, unmittelbare Vorteile bei der Kundengewinnung bringen.

Vorteile eines kleinen Unternehmens nutzen

Viele selbstständige Unternehmer sind sich nicht bewusst, dass sie gegenüber großen Unternehmen auch entscheidende Vorteile haben, oder nutzen dieses Wissen nicht für die Auftragsgewinnung. Ihr Vorteil ist: Sie sind viel näher am Marktgeschehen dran als große Firmen. Sie erfahren als Erste, was sich auf dem Markt tut, welche Trends aufkommen und was schon wieder out ist. Außerdem können sie sehr schnell darauf eingehen. Große Unternehmen haben gerade hier häufig Probleme, da sie nicht so flexibel und zeitnah auf Veränderungen reagieren können. Auch verläuft die Auftragsbearbeitung in großen Unternehmen weitaus schematischer als in kleineren. Sie sind also viel flexibler, kennen ihre Kunden besser und können schneller auf Veränderungen am Markt sowie auf die individuellen Wünsche ihrer Kunden reagieren. Und nicht zuletzt haben ihre Kunden keine ständig wechselnden Ansprechpartner, zudem sind die Entscheidungswege wesentlich kürzer und auch informell getroffene Vereinbarungen haben ihre Gültigkeit.

Unternehmer-Souveränität

Das Geheimnis erfolgreicher Freiberufler, Selbstständiger und Unternehmer ist simpel: Leisten Sie gute Arbeit – nicht nur bei der reinen Auftragsbearbeitung, sondern bei allen unternehmerischen Aufgaben, speziell im Kontakt mit Ihren Kunden. Alles, was Sie im Rahmen Ihrer unternehmerischen Tätigkeit tun, ist zugleich Werbung und Kundenakquisition: Jeder Verkauf, jeder erledigte Auftrag ist Werbung. Ihr persönliches Auftreten, jedes Gespräch mit Kunden oder Interessenten, Ihre Qualifikation, Ihr Verhalten am Telefon, Ihre Erreichbarkeit, Termintreue, Zuverlässigkeit – dies alles und noch mehr, also tatsächlich Ihre gesamte Arbeit, ist entscheidend im Wettbewerb um Kunden und Aufträge.

Aktiv werden

Als Selbstständiger brauchen Sie gewiss große Beharrlichkeit. Das heißt jedoch nicht, dass Sie einfach nur lange genug abzuwarten brauchen, bis die Aufträge wie von selbst ins Haus geflattert kommen. Chancen fallen einem selten in den Schoß. Werden Sie aktiv, machen Sie sich auf die Suche nach neuen Gelegenheiten. Passivität, Zögern und ständige Zweifel helfen sicher nicht dabei, sich selbst neue Chancen zu eröffnen, neue und mehr Aufträge zu bekommen. Nutzen Sie die vielfältigen Möglichkeiten, die Ihnen zur Verfügung stehen, um aktiv neue Aufträge und neue Kunden zu gewinnen.

Das aktive Empfehlungsmarketing ist eines der aussichtsreichsten Akquise-Instrumente für Selbstständige und Freiberufler.

7.2 Aktives Empfehlungsmarketing

Etwas provokativ ausgedrückt könnte man sagen: Wer als Selbstständiger nicht konsequent auf ein aktives Empfehlungsmarketing setzt, ist selbst schuld. Und tatsächlich, die Erfolgsaussichten eines guten Empfehlungsmarketings sind derart hoch, dass es fahrlässig wäre, darauf zu verzichten – zumal Ihnen beim Empfehlungsmarketing keine Kosten entstehen. An diesem Thema kommt nur vorbei, wer einfach keine neuen Aufträge und keine Neukunden will. Für alle anderen ist das Empfehlungsmarketing eines der wichtigsten und auch praktikabelsten Akquise-Instrumente.

Es ist ein Irrtum, zu meinen, das Empfehlungsmarketing geschehe wie von selbst und ohne Ihr Dazutun. Es stimmt natürlich, dass Sie mit Sicherheit bereits Gegenstand von Empfehlungen gewesen sind, auch ohne Ihr direktes Zutun, denn Ihre Kunden werden gewiss schon das eine oder andere Mal über Sie und Ihr Angebot gesprochen haben. Kunden geben nämlich gern wertvolle Hinweise an andere weiter. Doch solange Sie die Empfehlungen durch Ihre Kunden dem Zufall überlassen, werden auch die positiven Effekte zufällig bleiben, und eine Vielzahl von Gelegenheiten für eine Empfehlung wird außerdem vollkommen ungenutzt verstreichen. Nicht jeder Kunde redet ohne besonderen Anlass über seine Erfahrungen, einige brauchen einfach einen kleinen Anstoß, um aktiv zu werden. Nur mit einem aktiven Empfehlungsmarketing können Sie ganz zielgerichtet Einfluss darauf nehmen, ob, wie und mit wem Ihre Kunden über Sie sprechen.

Von positiven Empfehlungen Ihrer Kunden profitieren Sie gleich mehrfach: Sie erreichen ohne finanziellen und zeitlichen Aufwand potenzielle Neukunden, die mit gezielt ausgewählten Informationen über Sie versorgt werden. Diese potenziellen Kunden sind häufig exakt die Kunden, die Sie auch erreichen wollen. Das heißt, Sie haben kaum Streuverluste. Obendrein gewährt Ihnen ein Kunde auf Empfehlung in der Regel einen gewissen Vertrauensvorschuss, sodass die folgenden Geschäfte häufig unkomplizierter verlaufen. Und schließlich festigen Sie dabei auch die Beziehung zu dem Kunden, der die Empfehlung ausgesprochen hat. Ihr Kunde wird Sie also auch bei der nächsten Gelegenheit weiterempfehlen.

Das alles klingt überzeugend. Wenn Sie sich fragen, wo der Haken ist, dann allenfalls hier: Sie müssen etwas Empfehlenswertes zu bieten haben und brauchen also Kunden, die von Ihnen persönlich und von Ihrer fachlichen Leistungsfähigkeit absolut überzeugt sind. Das ist die Grundlage für ein erfolgreiches Empfehlungsmarketing.

Was Ihre Kunden über Sie sagen ...

Ihre Kunden sind Ihre besten Werbebotschafter, sofern sie im richtigen Augenblick an Sie denken und sich für Sie stark machen. Es liegt an Ihnen, ob und wie Ihre Kunden Sie empfehlen. Und Sie haben es in der Hand, was Ihre Kunden über Sie sagen. Wissen Sie eigentlich, was nach einem Kundenkontakt konkret geschieht? Reden Ihre Kunden mit anderen über Sie und Ihr Geschäft? Und wenn ja: Was sagen sie? Und wenn nein: Warum nicht? – Es gibt viele denkbare Varianten. Grundsätzlich lassen sich fünf Szenarien unterscheiden:

Die negative Empfehlung: Ja, die gibt es auch und sie ist sogar die häufigste Form der (Nicht-)Empfehlung. Ein verärgerter oder enttäuschter Kunde wird seinem Unmut Luft machen, indem er möglichst vielen Menschen von seinem Erlebnis erzählt, um damit so viele Menschen wie möglich vor gleichen Erfahrungen zu schützen und gleichzeitig ein bisschen Dampf abzulassen. Negative Nachrichten verbreiten sich rasend schnell und werden dabei jedes Mal, wenn sie neu erzählt werden, eine Spur sensationeller. – So verlieren Sie unter Umständen nicht nur Ihren unzufriedenen Kunden sowie dessen Geschäftspartner, sondern obendrein auch noch Ihren guten Ruf.

Der Kunde empfiehlt Sie gar nicht: Auf den ersten Blick möchte man dieses Szenario vielleicht als Teilerfolg bezeichnen, da ja zumindest keine negative Empfehlung ausgesprochen wurde. Auf den zweiten Blick zeigt sich jedoch, dass auch eine ausbleibende Empfehlung eher als ungünstig zu beurteilen ist. Denn offensichtlich sind Sie, Ihre Leistung, Ihr Produkt, Ihr Service, Ihre Beratung et cetera keiner weiteren Erwähnung wert. Es war alles in Ordnung, nicht schlecht, jedoch auch nicht besonders gut, ganz solide eben. Wenn Ihr Kunde nun nach einem guten Tipp für einen Anbieter gefragt werden sollte, wird ihm Ihr Name vermutlich nicht einfallen. Als Teilerfolg kann man eine solche Situation also kaum bezeichnen.

Der Kunde ist ein passiver Empfehler: Dieser Fall ist der wohl gängigste: Jemand braucht einen zuverlässigen Anbieter und fragt Geschäftspartner nach Empfehlungen. Ist Ihr Kunde nun mit Ihnen zufrieden gewesen, wird er Sie in einem solchen Fall auf direkte Nachfrage zwar auch empfehlen, doch solange er nicht gefragt wird, bleibt er passiv. Wenn Sie das erreicht haben, ist das schon ganz gut, allerdings ist noch mehr drin.

Der Kunde spricht aktiv positive Empfehlungen aus: Wenn der Kunde selbst aktiv wird und Sie positiv empfiehlt, handelt es sich zweifellos um einen begeisterten Kunden. Sie haben seine Erwartungen mehr als erfüllt. Ein solcher Kunde wartet nicht, bis man ihn um Rat fragt. Er wird selbst die Initiative ergreifen und andere mit Tipps versorgen. Solche Kunden sind für Sie Gold wert.

Positive Empfehlungen aktiv auslösen

Falls Sie sich jetzt wundern, dass bisher nur vier Szenarien genannt wurden, werden Sie nach einigen Zeilen die fünfte Variante kennenlernen. Positive Empfehlungen sind eine Folge der guten Beziehungen zwischen Kunde und Anbieter. Es kommt einerseits darauf an, dass Sie sich empfehlenswert machen und eine qualitativ hochwertige Leistung bieten, Ihre

Kunden auch als Persönlichkeit überzeugen und an Zuverlässigkeit und Sorgfalt nichts zu wünschen übrig lassen. Andererseits ist es jedoch auch unabdingbar, ganz direkt den Auslöser für Empfehlungen zu aktivieren, wenn man diese nicht dem Zufall überlassen will. Dass Empfehlungen in erster Linie eine Frage des Vertrauens sind, wird leicht unterschätzt. Dabei liegt es auf der Hand, dass Ihr Kunde Sie nur dann empfiehlt, wenn er auch sicher sein kann, dass derjenige, der seiner Empfehlung folgt, kein Risiko damit eingeht, sondern ausschließlich Vorteile von der Empfehlung hat. Ihre Aufgabe ist daher, dem Kunden dieses Gefühl von Sicherheit zu vermitteln, das er braucht, um ohne Bedenken Empfehlungen auszusprechen. Und das erreichen Sie nur, wenn Sie eine verbindliche und vertrauensvolle Beziehung zu ihm aufbauen und pflegen.

Wenn Sie die Möglichkeiten des Empfehlungsmarketings ausschöpfen wollen, führt kein Weg daran vorbei, Ihre Kunden um gezielte Empfehlungen zu bitten. Das ist das fünfte und letztlich wirkungsvollste Szenario, da Sie hier zielgerichtet Empfehlungen auslösen. Die allermeisten Kunden haben Verständnis dafür, dass Sie die Kontakte zu potenziellen Interessenten nutzen wollen, und niemand wird es Ihnen verübeln, wenn Sie beabsichtigen, Ihr Geschäft damit ein wenig anzukurbeln. Es gibt keinen Grund, hier eine falsche Zurückhaltung an den Tag zu legen. Gehen Sie in die Initiative und nutzen Sie passende Gelegenheiten (beispielsweise nach einer besonders gut verlaufenen Auftragsbearbeitung), um Ihre Kunden um zielgerichtete Empfehlungen zu bitten.

Bedenken Sie allerdings: Wenn ein Interessent auf Empfehlung zu Ihnen kommt, stehen Sie damit auch vor einer neuen Aufgabe: Ihr Erfolg wird nämlich nur von Dauer sein, wenn Sie den hohen Erwartungen des Kunden auf Empfehlung gerecht werden und das in Sie gesetzte Vertrauen Ihres Kunden, der Sie weiterempfohlen hat, nicht enttäuschen.

Das A und O: der Nutzen

Er steht in jedem Geschäftskonzept aller Entrepreneure: der Kundennutzen. Das heißt, jeder, der ein Unternehmen gegründet hat, hat sich bereits mit dem Thema befasst – zumindest theoretisch. Die Praxis sieht häufig leider ganz anders aus: Der Kundennutzen ist zwar jedem Selbstständigen ein Begriff, und irgendwann wurden dazu auch einmal ein paar Zeilen formuliert, im täglichen Geschäft ist der Kundennutzen oft jedoch kaum mehr als eine Floskel. Das führt dann dazu, dass (Dienstleistungs-)Angebote aus der falschen Perspektive geschaffen werden. Der Unternehmer kann eine bestimmte Leistung erbringen, also bietet er sie auf dem Markt an. Das ist die falsche Richtung. Der richtige Weg verläuft andersherum – vom Kunden aus gedacht. Der Kundennutzen ist kein abstrakter Begriff aus der grauen Theorie, sondern überaus konkret und für die Geschäfte in der Praxis von größter Bedeutung. Mit anderen Worten: Wer mehr Aufträge gewinnen will, kommt nicht daran vorbei, sich am Bedarf und am Nutzen für den Kunden zu orientieren.

Nur Leistungen, die einen konkreten Nutzen versprechen, lassen sich vermarkten.

Sie können nur Leistungen mit einem konkreten Nutzen vermarkten. Das Wichtigste dabei: aus der Perspektive des Kunden denken. Fragen Sie sich:

- Was genau wollen und brauchen meine Kunden?
- Worin liegt für sie der konkrete Nutzen meines Angebotes?
- Was erwarten meine Kunden von mir und von meinen Angeboten?
- Wie kann ich meine Angebote besser am tatsächlichen Bedarf meiner Kunden ausrichten?

Selbstständige Unternehmer brauchen ein möglichst tiefes Verständnis davon, was der einzelne Kunde will und was für ihn die beste Lösung ist. Nur so sind wirklich individualisierte Angebote möglich. Und eine möglichst hohe Individualisierung zu erzielen, ist für Selbstständige – gerade im Dienstleistungsbereich – eines der besten Mittel, um mehr und bessere Aufträge zu gewinnen.

Mit der Individualisierung steht der Kunde im Mittelpunkt Ihrer Arbeit. Sie bieten ihm, was er braucht, was er will und was er sich wünscht, und wenn alles gut läuft, übertreffen Sie dabei noch seine Erwartungen. Andersherum: Wenn Sie einem Kunden nicht das bieten, was er sich wünscht, dann wird er es sich früher oder später woanders suchen.

Finden Sie also heraus, was Ihr Kunde wirklich will. Und denken Sie dabei nicht nur an Ihre Produkte und Leistungen, sondern auch an Ihre ganz persönliche Rolle sowie an den gesamten Ablauf der Auftragsbearbeitung. Was erwartet Ihr Kunde von Ihnen persönlich? Versetzen Sie sich in die Lage Ihres Kunden und fragen Sie sich dabei nicht nur, was den Kunden zufriedenstellen wird, sondern was der Idealfall wäre. Wie sieht beispielsweise ein idealer Service aus? Wie die ideale Reklamationsbearbeitung? Und womit können Sie Ihren Kunden außerdem begeistern?

Überraschen Sie Ihre Kunden mit individuellen Aufmerksamkeiten, die sie nicht erwarten und die einen echten Nutzen bringen. Auf den individuellen Bedarf und die jeweils individuelle Situation des Kunden einzugehen, ist vielfach das exakte Gegenteil der häufig praktizierten Massenabfertigung nach stets demselben Schema. Deshalb reicht es auch noch nicht, einfach die Kombinationsmöglichkeiten der Angebote zu erhöhen. Hiermit bieten Sie zwar eine große Auswahl, jedoch noch keine Individualität. Denn auch bei einer großen Spannbreite werden letztlich oft nur vorkonfektionierte Musterlösungen, jedoch keine individuell abgestimmten Lösungen angeboten. Mit der Vielfalt allein gehen Sie noch nicht auf die spezifischen Bedürfnisse eines ganz bestimmten Kunden ein. Manchmal gilt es sogar, die angebotene Vielfalt zu reduzieren, um sie an die konkreten Wünsche des Kunden anzupassen.

Lassen Sie Ihre Kunden nicht emotional unbeteiligt, bieten Sie ihnen stattdessen das gewisse Extra, das nicht beliebig austauschbar ist. Machen Sie sich unersetzlich, indem Sie Ihren Kunden positive Erlebnisse verschaffen. Sehr viel ist schon damit erreicht, wenn Ihr Kunde spürbar gern mit Ihnen zusammenarbeitet und dabei weiß, dass er sich auf Sie verlassen kann.

Denken Sie aus der Sicht des Kunden

Die Perspektive des Kunden einzunehmen, bedeutet in der Praxis zweierlei: Versuchen Sie, ein Gespür dafür zu entwickeln, was Ihre Kunden wirklich wollen und brauchen, indem Sie sich bewusst in ihre Lage versetzen. Und hinterfragen Sie die eigene Perspektive. Für manche Unternehmer sind Kundenorientierung und Kundennutzung rein theoretische Begriffe, andere haben im Laufe der Jahre schlichtweg vergessen, mehr aus der Sicht des Kunden zu denken – und es gibt sicher auch Unternehmer, die es noch nie ernsthaft versucht haben. Hier ist im wahrsten Sinne des Wortes ein Umdenken erforderlich, insbesondere in Ihrer täglichen Praxis.

Fragen Sie sich:

- Was hat der Kunde davon und was könnte er sich wünschen?
  Und nicht: Was will ich von ihm?
- Was ist dem Kunden besonders wichtig?
  Und nicht: Was halte ich für besonders wichtig?
- Womit kann ich meinen Kunden überzeugen?
  Und nicht: Was soll den Kunden überzeugen?
- Was klingt für den Kunden glaubhaft und sinnvoll?
  Und nicht: Was halte ich für glaubhaft und sinnvoll?

Aus den Antworten können Sie sehr konkrete Schlüsse ziehen für die Vorgespräche mit Ihren Kunden, für die Auftragsbearbeitung und für Ihre Sichtbarkeit nach außen.

Werden Sie konkret!

Floskeln wie »Bei uns steht der Kunde im Mittelpunkt!« liest man täglich oder irgendetwas mit »Qualität«, »Kompetenz« oder »Service« – in allen Fällen ist die Aussage gleich null. Obendrein fehlt jede Glaubwürdigkeit. Genau genommen müsste man staunen, dass es derartige Kundenansprachen überhaupt noch gibt, sind sie doch von vorgestern und haben da auch schon nichts gebracht. Aus Sicht der Kunden sind das alles leere Phrasen, zumal meist nicht einmal genau benannt wird, was denn nun die Qualität ausmacht, worin die Kompetenz besteht oder warum der Service so erwähnenswert ist.

Wo es in den Marketingaktivitäten beinahe schon zur Norm geworden ist, auf klare Aussagen zu verzichten und stattdessen auf leere Worthülsen zurückzugreifen, fällt es vielen Unternehmern schwer, ganz konkret zu sagen, welche Vorteile sie dem Kunden bieten. Das gilt für die Außendarstellung oft ebenso wie für das direkte Gespräch mit dem Kunden. In der Folge kann es gar nicht gelingen, dem Kunden den Nutzen des eigenen Angebots zu verdeutlichen. Werden Sie daher so konkret wie nur möglich und machen Sie gegenüber Ihren Kunden deutlich,

- was genau die Qualität Ihrer Produkte/Dienstleistungen ausmacht;
- welche konkreten Serviceleistungen Sie anbieten;
- welche Vorteile es dem Kunden bietet, sich ausgerechnet für Ihr Unternehmen zu entscheiden;
- was Sie von Ihren Wettbewerbern unterscheidet;
- womit genau Sie sich Ihre Reputation erworben haben und
- inwiefern Sie sich individuell auf den Kunden einstellen.

Auf diese Weise richten Sie sich am tatsächlichen Bedarf Ihrer Kunden aus und können den echten Nutzen Ihrer Leistungen für den Kunden in den Vordergrund stellen. Gerade weil viele Wettbewerber diese Strategie, oft wider besseres Wissen, vernachlässigen, können Sie sich so auch beziehungsweise gerade heute noch den entscheidenden Vorteil sichern.

Tipp

Beschränken Sie sich auf Nutzenaussagen, die für Ihre Kunden auch tatsächlich von Bedeutung sind. Kontraproduktiv sind dagegen Vorteile, die für den Kunden unbedeutend, uninteressant oder zu fachspezifisch sind.

7.3 Und wenn die Referenzprojekte noch fehlen?

»Ich bekomme bestimmte Aufträge nicht, weil ich keine entsprechenden Referenzen vorzuweisen habe; ich habe keine passenden Referenzprojekte, weil ich bestimmte Aufträge nicht bekomme.« – Gerade junge Selbstständige und alle, die neu in eine Branche einsteigen, fassen ihr Dilemma in dieser oder ähnlicher Weise zusammen. Und natürlich sind Referenzen gut und viele gute Referenzen noch besser, allerdings ist das Problem häufig doch etwas kleiner, als viele Selbstständige befürchten.

Zunächst spielt es bei vielen Aufträgen kaum eine Rolle, ob Sie über viele Referenzprojekte verfügen. Wenn Sie nach außen, schriftlich und im persönlichen Gespräch, souverän auftreten, erübrigt sich oft schon die Frage danach. Denn letztlich geht es ja darum, ob es Ihnen gelingt, dem Kunden glaubhaft zu machen, was Sie können. So bekommen Sie vielleicht noch nicht die ganz großen Aufträge, bei denen entsprechende Referenzen natürlich eine Rolle spielen, jedoch immerhin die nicht ganz so großen Fische. Und wenn Sie auf viele kleinere Projekte verweisen können, sind auch das Referenzen.

Ihre erste Referenz sind Sie selbst

Kein Selbstständiger fängt bei null an. Viele Unternehmer haben (oft sogar langjährige) Berufserfahrung als Angestellte und entscheiden sich erst später für die Selbstständigkeit. Zumindest wer innerhalb der bisherigen Branche bleibt, kann seine Referenzen aus dem Angestelltenverhältnis sozusagen mitnehmen. Wenn Sie früher eine verantwortungsvolle Position in einer Firma hatten, dort für namhafte Kunden gearbeitet oder auch an relevanten Weiterbildungsmaßnahmen teilgenommen haben, sind all das Referenzen, die auch heute noch für Sie sprechen. Sie können Ihren gesamten Lebenslauf als Referenz verwenden und hierbei sozusagen die Rosinen herauspicken, also genau das kommunizieren, was Ihnen heute weiterhilft. Zeigen Sie also, was Sie können, was Sie bereits gemacht haben und über welche Qualifikationen Sie verfügen.

Darüber hinaus hängt in der Geschäftswelt viel vom persönlichen Auftreten ab. Wer es nicht versteht, im direkten Kundenkontakt ganz persönlich zu überzeugen, dem werden auch gute Referenzen nicht viel helfen. Andersherum können Sie durch ein souveränes Auftreten sehr viel ausgleichen. Es geht darum, die eigenen Ideen und Leistungen überzeugend und glaubwürdig zu präsentieren und als Persönlichkeit einen positiven Eindruck zu hinterlassen. Damit ist schon sehr viel erreicht. Denn wenn Sie souverän auftreten, werden Zweifel an Ihrer Qualifikation meist gar nicht erst entstehen. Investieren Sie deshalb in sich selbst und fragen Sie sich, wie Sie Ihr Auftreten und Ihre Überzeugungskraft verbessern können.

Für große Projekte Kooperationen eingehen

Nur selten kommt die Vergabe eines großen Auftrages direkt wegen fehlender Referenzen nicht zustande. Die Referenzen dienen dem Kunden als Beweis, dass Sie auch größere Projekte stemmen können. Gerade Einzelkämpfer haben es hier schwer. Dabei muss nicht einmal ihre Qualifikation angezweifelt werden – vielmehr sind einige Auftraggeber (völlig zu Recht) besorgt, ob ein Einzelkämpfer oder auch ein kleines Unternehmen der richtige Partner für ein großes, langfristiges Projekt ist. Es gibt etliche Unternehmen, die Aufträge ab einer bestimmten Größe ausschließlich an größere Unternehmen vergeben. Denn die Unternehmen fragen sich, was passiert, wenn ein kleinerer Anbieter krank wird oder in anderer Weise in Schwierigkeiten gerät. Nicht jeder Auftraggeber will das Risiko eingehen, sich bei größeren Projekten unter Umständen auf halber Strecke einen neuen Anbieter suchen zu müssen. Der Ausweg für Sie als Selbstständigen oder Freiberufler sind Kooperationen und gute Netzwerke. Zeigen Sie, dass Sie feste und zuverlässige Partner haben, mit denen Sie bereits längere Zeit erfolgreich zusammenarbeiten. Das ist für Einzelunternehmer und kleinere Unternehmen manchmal wichtiger als Referenzen (wobei selbstverständlich Referenzen plus Kooperationspartner dem Kunden die größte Sicherheit vermitteln).

Mit anderen Selbstständigen regelmäßig zu kooperieren, kann Ihnen auch ganz unmittelbar zu Referenzen verhelfen: Wenn ein Kooperationspartner Sie bei der Bearbeitung eines Großauftrages mit ins Boot holt, gewinnen Sie damit auch ein wichtiges Referenzprojekt.

Ist groß wirklich immer besser?

Die Erfahrung zeigt: Anbieter mit besonders großen Referenzprojekten fahren nicht zwangsläufig besser als Wettbewerber, die viele kleinere und mittlere Aufträge gewinnen können. Es gibt sogar etliche Beispiele für Selbstständige, die zwar auf prominente Großkunden verweisen können, letztlich jedoch viel lieber für normale Kunden arbeiten. Denn die Zusammenarbeit mit Großkunden ist auch nicht einfach: Die Vertragsbedingungen und damit auch die Honorare werden zu großen Teilen diktiert, der Druck ist insgesamt sehr groß und die Ansprüche sind hoch. Obendrein gibt es oft mehrere Instanzen, die ein fertiges Projekt absegnen müssen, bis es abgeschlossen ist. Das führt häufig zu vielen Nachbesserungen, Änderungswünschen und strapaziert die Nerven des Anbieters.

Die Zusammenarbeit mit einem kleineren Kunden kann dagegen wesentlich erfolgreicher verlaufen, zumal der eine Großauftrag auch längst nicht immer lukrativer ist als eine größere Anzahl an weniger großen Aufträgen. Die Jagd nach großen Referenzkunden ist also gar nicht immer gerechtfertigt und die Effekte werden zum Teil auch überbewertet. Referenzprojekte steigern die eigene Reputation, das ist unumstritten, doch ein großes Referenzprojekt kann, wie gesagt, auch ganz anders aussehen, als es auf den ersten Blick scheint.

Eine gute Geschäftsadresse

Die Vergabe von Aufträgen ist Vertrauenssache. Alles, was das Vertrauen Ihres Kunden in Ihre Leistungsfähigkeit und Professionalität stärkt (wie eben die richtigen Referenzen), spricht deshalb für Sie. Ein Aspekt, der von Professionalität zeugt, ist die eigene Geschäftsadresse. Eine gute Adresse unterstreicht Ihre Professionalität und ist ein wichtiger Referenzfaktor. Die eigene Geschäftsadresse im adäquaten Umfeld ist immer besser als ein

Heimbüro oder dergleichen und definitiv ein wichtiger Faktor bei der Auftragsvergabe – zumal dann, wenn persönlicher Kundenbesuch ansteht.

Referenz als Gegenleistung

Sie haben nichts zu verschenken, das ist klar. Wenn Sie jedoch das Gefühl haben, trotz aller anderen Möglichkeiten unbedingt eine namhafte Referenz zu brauchen, bleibt nur noch eines: Suchen Sie sich eine gemeinnützige Organisation und bieten Sie Ihre Dienste kostenlos oder zu einem eher symbolischen Honorar an. Nehmen Sie jedoch nicht irgendeine, sondern wählen Sie eine solche, für die Sie auch wirklich gerne arbeiten würden. Viele gemeinnützige Organisationen sind bekannt, haben einen ausgezeichneten Ruf und sind somit genau das, was Sie brauchen. Nur ein großes Budget haben sie nicht. Als Unternehmer werden Sie also unter Wert oder kostenlos arbeiten und bekommen im Gegenzug eine Referenz. Das ist durchaus einen Versuch wert. Mein Tipp ist jedoch: Machen Sie das, wenn überhaupt, nur einmal und lassen Sie sich nicht überreden, später nochmals kostenlos für die Organisation zu arbeiten (es sei denn, Sie wollen die Organisation ganz bewusst unterstützen). Und versuchen Sie erst gar nicht, einen ähnlichen Deal mit kommerziellen Unternehmen zu machen: Hier werden Sie entweder auf Granit beißen oder auf ein Unternehmen treffen, das nur darauf wartet, jemanden auf der verzweifelten Suche nach Referenzprojekten auszunutzen.

Durchhaltevermögen

Eine Kernkompetenz aller Unternehmer ist das Durchhaltevermögen. Und das brauchen sie auch. Natürlich würden Neueinsteiger am liebsten gleich da anfangen, wo ihre Berufskollegen nach zwanzig Jahren stehen, doch sieht die Realität meist anders aus. Es braucht in den meisten Fällen einfach seine Zeit, bis ein frisch gebackener Unternehmer die entscheidenden oder wirklich großen Referenzprojekte bekommt. Bis dahin heißt es: Durchhaltevermögen beweisen, den Kunden wirklich etwas bieten und die eigene Leistungsfähigkeit glaubhaft verdeutlichen. Und dafür gibt es zahlreiche Möglichkeiten. An fehlenden Referenzen allein wird eine erfolgreiche Selbstständigkeit sicher nicht scheitern. Dass Ihnen deswegen die Kunden wegbleiben, ist sehr unwahrscheinlich. Und auch ohne spektakuläre Referenzen können Sie professionell arbeiten und als professioneller Anbieter auftreten. Das ist eine gute Grundlage. Die großen und attraktiven Projekte werden dann meistens ohnehin folgen.

8.
Einfach machen

Ein Unternehmen gleich welcher Größe zu führen, ist nicht unbedingt die leichteste Aufgabe. Sie ist allerdings auch längst nicht derart komplex, wie sie manchmal dargestellt wird. Viele Dinge liegen einfach auf der Hand, sodass offensichtlich ist, was zu tun ist. Und in der Tat wissen die meisten Unternehmer sehr wohl, was wichtig ist und welche Aufgaben sie angehen müssen – nur bleiben diese Aufgaben dann manchmal doch wieder liegen und werden aufgeschoben. Das mag auch damit zusammenhängen, dass der Aufgabenbereich eines Unternehmers überaus vielfältig ist und aus weit mehr als der reinen Auftragsbearbeitung besteht. Jeder Unternehmer hat also gleich mehrere Baustellen, die mit dem konkreten Tagesgeschäft nicht viel zu tun haben. Solche Aufgaben sind oft unbeliebt. Außerdem wird die Bewältigung gerade dieser ohnehin schon unbeliebten Aufgaben vielfach zur komplexen Wissenschaft erklärt. Das macht die Sache nicht besser, zumal es in der Praxis oft gar nicht darum geht, erst komplizierte Strategien zu erlernen, sondern zunächst vor allem darum, die anstehenden Aufgaben zu erkennen, anzunehmen und schlichtweg zu erledigen.

8.1 Aufgaben erkennen und annehmen

Sie wissen vermutlich ganz genau, womit Sie den letzten Arbeitstag verbracht haben. Und zumindest im Groben ist Ihnen sicher auch bewusst, wie die vergangenen Wochen und Monate verlaufen sind. Ganz bestimmt wissen Sie auch, zumindest insgeheim, welchen wichtigen Aufgaben Sie sich in der vergangenen Zeit nicht gestellt haben. Vielleicht haben Sie sich gedacht, ja, ich müsste unbedingt einmal an meiner Positionierung arbeiten und mein Profil schärfen und in diesem Zuge auch gleich meine Website entrümpeln. – Aufgaben, von denen Sie genau wissen, dass sie wichtig sind, doch sind Sie bislang noch nicht dazu gekommen, die Sache anzugehen …

Einfach machen – und es sich selbst und den Kunden einfach machen!

So oder ähnlich geht es vielen Unternehmern. Mein Beruf bringt den Vorteil mit sich, dass ich nahezu täglich mit anderen Unternehmern und Selbstständigen ins Gespräch komme und dabei viel über sie erfahre. Dabei zeigt sich, wie sehr Theorie und Praxis manchmal übereinstimmen: Die erfolgreichen Unternehmer sind zugleich diejenigen, die genau wissen, welche Aufgaben die Unternehmensführung erfordert, und diese Aufgaben auch annehmen. Und bei den anderen, die das Notwendige nicht erkennen (wollen) oder es vor sich herschieben, türmen sich die unerledigten Aufgaben nur so auf. Das schmälert die Erfolgsaussichten und wird gerade über längere Zeiträume zu einer Belastung für das Unternehmen.

Das lästige Drumherum

Das Problem der Selbstständigkeit ist: Niemand wird Ihnen die Erledigung wichtiger Aufgaben abnehmen. Und darauf zu hoffen, dass sich die Dinge von selbst erledigen, führt zu nichts. Gehen Sie deshalb in die Offensive und nehmen Sie die erforderlichen Aufgaben mit dem gleichen Elan an wie die direkte Auftragsbearbeitung. Ein Großteil der Selbstständigkeit besteht nun einmal aus dem, wie es abwertend gesagt wird, Drumherum. Sich diesen Aufgaben zu stellen, ist von gleicher Bedeutung wie die Arbeit mit dem Kunden. Das ist eine Tatsache, der sich niemand verschließen kann. Es bringt übrigens auch nichts, die weniger beliebten Aufgaben nur halbherzig, quasi als Alibi, zu erledigen. Strategische Entscheidungen, Fragen der Außendarstellung und die Klärung von organisatorischen Abläufen erfordern Ihre volle Konzentration. Nur dann kommen Sie zu echten Ergebnissen, die übrigens den angenehmen Nebeneffekt haben, dass Sie auch einmal reinen Tisch machen können. Denn wer ständig Aufgaben unerledigt lässt, wird sie auch ständig im Hinterkopf behalten und muss in den meisten Fällen mehr Energie investieren, um aus dem entstehenden provisorischen Zustand heraus noch professionell arbeiten zu können.

Bedenken Sie auch, dass jede – wirklich jede – der anstehenden Aufgaben einen sehr klaren Sinn und Zweck hat. Selbst wenn dieser Sinn manchmal nicht unmittelbar erkennbar ist. Sie sagen sich beispielsweise, dass es mal wieder an der Zeit ist, den Schreibtisch aufzuräumen und Ordnung in die Dinge zu bringen. Dies ist sicher eine unbeliebte Tätigkeit, vor allem wenn Sie nur den Schreibtisch und die lästige Arbeit sehen. Wenn Sie sich jedoch den dahinterstehenden Sinn ins Bewusstsein rufen, werden Ihnen die Dinge gleich viel leichter von der Hand gehen. Sie brauchen einen aufgeräumten Schreibtisch, um die nächsten Schritte planen zu können, um sich von Altlasten zu befreien, um sich mit mehr Freude an die Arbeit machen zu können. Hinter jeder Tätigkeit steckt so gut wie immer ein bestimmter Sinn, den wir nur nicht immer auf Anhieb erkennen können.

Wer, wenn nicht Sie selbst?

Gerade wenn Ihnen bestimmte Arbeiten schwerfallen, wenn Ihnen der erforderliche Antrieb fehlt, kann es sehr hilfreich sein, sich den gesamten Sinn der Aufgabe ins Bewusstsein zu rufen. Jede einzelne Handlung ist von Bedeutung, weil sie dazu beiträgt, den Erfolg des Ganzen zu gewährleisten. Blicken Sie nicht nur auf das aktuelle Geschehen, machen Sie sich vielmehr bewusst, dass Sie gerade einen kleinen Teil einer größeren Sache erfüllen. Führen Sie sich, wo es nur geht, den tieferen Sinn einer Tätigkeit vor Augen. Achten Sie auf die Zusammenhänge und die Notwendigkeiten auch der vielen kleineren, auf den ersten Blick lästig erscheinenden Tätigkeiten. Ordnen Sie Ihrem Handeln Ihre Ziele und Zukunftsperspektiven zu. Sehr viele Aufgaben müssen erst einmal erledigt werden, um den Weg für übergeordnete Ziele freizuräumen.

Welche Aufgaben zu erledigen sind, ist, wie gesagt, oft offensichtlich. Wichtig ist jedoch, dass Sie diese Aufgaben auch zu Ihren Aufgaben machen. Zu wessen auch sonst? – Es gibt also Aufgaben, die man sich selbst stellen muss. Die so entstehende bewusste Beschäftigung mit der Aufgabe ist die beste Grundlage für eine effiziente und erfolgreiche Bearbeitung. Denn sie ist Ausdruck Ihres persönlichen Engagements und Ihrer Eigenverantwortung bezüglich aller anstehenden Aufgaben und damit Ihrer gesamten Unternehmensführung. Starten Sie deshalb eine bewusste Auseinandersetzung mit Ihren Aufgaben. Das ist bereits der erste und wichtigste Schritt zum Erfolg. Ein ausgeprägtes Aufgabenbewusstsein, das Ihnen hilft, Aufgaben zu erkennen, einzuschätzen und anzunehmen, entsteht nicht von selbst. Doch die Entwicklung eines solchen Bewusstseins für die eigenen Aufgaben liegt – das ist keine Überraschung – in Ihrer eigenen Verantwortung!

8.2 Die richtige Dosis Pragmatismus

Wo es um die Unternehmensführung geht, wimmelt es nur so von Strategien, Konzepten und Methoden, die wir wohl bedacht in unser Handeln integrieren sollen. Die Unternehmensführung wird längst als komplexe Wissenschaft betrachtet und gilt vor allem dann als ideal, wenn bestimmte Management- und Prozesssteuerungskonzepte detailliert angewendet werden. Natürlich sind viele dieser Konzepte nützliche Instrumente. In vielen Fällen brauchen wir sie jedoch gar nicht oder es reicht, sich den Grundgedanken des jeweiligen Konzepts zu eigen zu machen, anstatt das gesamte Konzept von Anfang bis Ende durchzuexerzieren. Wenn es schlichtweg darum geht, das Naheliegende in die Tat umzusetzen, sind komplexe theoretische Ableitungen wenig hilfreich. Der tägliche Geschäftsbetrieb verläuft eben nicht immer streng nach Lehrbuch. Vielfach geht es einfach nur darum, eine schnelle, unkomplizierte und pragmatische Lösung zu finden.

Wer in solchen Momenten dogmatisch an bestimmten Verfahrensweisen festhält, nimmt sich leicht selbst wichtige Spielräume für schnelles, pragmatisches Handeln. Weitsichtige Geschäftsstrategien sind unverzichtbar, doch die tägliche Dynamik erfordert vielfach einen Sinn für praktikable Sofortlösungen. Hier ist ein Blick für das Machbare, für das, was unter den gegebenen Rahmenbedingungen realisierbar ist und was nicht, viel wert. Der lösungsorientierte Ansatz sorgt zudem dafür, dass die vielen kleinen Probleme und Lästigkeiten nicht erst in aller Breite ausgewalzt, sondern ganz einfach gelöst werden. Gerade die kleineren Aufgaben gehen mit der richtigen Prise Pragmatismus viel einfacher von der Hand: Wir können dogmatisch auf unser Recht pochen oder unbedeutende Fehler einfach ignorieren; wir können lästige Arbeiten sofort erledigen oder sie wochenlang vor uns herschieben, und wir können uns an den vielen Details festbeißen oder einfach zur Tat schreiten.

Tipp

Etwas nur aus Prinzip zu machen (oder auch nicht zu machen), bringt selten Vorteile und ist in den meisten Fällen auch noch Zeitverschwendung. Wer damit beginnt, einfach darauf zu verzichten, es unnötig kompliziert zu machen, hat schon viel gewonnen.

Natürlich ist die naheliegende Lösung nicht zwangsläufig auch die beste. Andererseits bringt es auch nichts, jede Kleinigkeit zu zerdenken und vorwärts und rückwärts zu analysieren. Pragmatisch handeln heißt allerdings auch nicht, in allen Fällen die einfachste Lösung zu nehmen. Es geht vielmehr darum, das zu machen, was funktioniert.

Flexibel im Denken und Handeln

Und was funktioniert, ist gut fürs Geschäft. Doch will die jeweils funktionierende Lösung erst einmal gefunden werden, was gerade dann schwierig ist, wenn die Abläufe streng schematisch sind. Denken Sie nur an Behörden – was hier nicht ins Schema und zu den gewohnten Abläufen passt, kann nicht erledigt werden. Wer als Kunde dort auch nur ein wenig aus der Rolle fällt, hat oft das Nachsehen. Allerdings kann es sich kein Selbstständiger leisten, gegenüber seinen Kunden wie eine Behörde aufzutreten. Unsere Kunden erwarten ein hohes Maß an Flexibilität und einen Sinn für pragmatische Lösungen, wenn es darauf ankommt.

Was uns hierbei im Wege steht, sind unsere Denkgewohnheiten. In unserem Handeln sind wir allzu sehr auf Altbewährtes fixiert und verfallen dabei in (Denk-)Muster, die den Blick auf Alternativen versperren. Genau das verhindert Flexibilität, die aus Sicht der Kunden fast schon ein Synonym für Kundennähe ist. Wenn Sie einmal ehrlich auf sich selbst schauen, erkennen Sie vermutlich, dass tatsächlich viele Gedanken und Denkprozesse auf festen Gewohnheiten und wiederkehrenden Mustern beruhen, die dann zu Einschränkungen beim Handeln führen. Wir machen es uns eben allzu gerne in unserer Komfortzone bequem und arbeiten deshalb am liebsten stets nach dem gleichen Muster. Wer allerdings einen Gedanken nicht einmal zulässt, ihn von vornherein abblockt und schon verwirft, bevor der Gedanke auch nur zu Ende gedacht ist, wird kaum pragmatisch und flexibel auf veränderte Situationen reagieren können. Das Resultat ist dann oft lähmender Stillstand, was im Unternehmen natürlich fatale Folgen nach sich ziehen kann.

Suchen Sie deshalb nach festen Mustern und Gewohnheiten in Ihrem Denken, versuchen Sie zu ergründen, welche äußeren Einflüsse auf Ihr Denken einwirken und was Sie davon abhält, neue Wege zu beschreiten und flexibel auf die vielen verschiedenen Situationen zu reagieren. Beziehen Sie bei all Ihren Handlungen und Entscheidungen mögliche Alternativen, die sich vielleicht nicht auf den ersten Blick zeigen, mit ein. Reagieren Sie flexibel und unter Berücksichtigung der gesamten Spannbreite der sich bietenden Möglichkeiten auf die jeweiligen Situationen. Schließen Sie dabei keine Variante schon im Vorfeld aus, nur weil sie sich vielleicht von früheren, einmal bewährten oder herkömmlichen Vorgehensweisen unterscheidet.

Pragmatismus ist das Gegenteil von Dogmatismus. Die Fähigkeit, wenn nötig auch einmal pragmatisch und flexibel zu reagieren, erhält Ihnen Ihre Handlungsfähigkeit – auch und gerade in außergewöhnlichen Situationen oder wenn es darum geht, sich wirklich ganz individuell auf einen Kunden einzustellen. Kunden erwarten einen lösungsorientierten Anbieter und Lösungen, die funktionieren. Doch auch unabhängig von der unmittelbaren Arbeit mit dem Kunden lohnt es sich, die anstehenden Aufgaben mit der richtigen Dosis Pragmatismus anzugehen. Denn das heißt letztlich, zu tun, was getan werden muss. Und Unternehmer sind nun einmal Menschen, die handeln und Ideen in die Tat umsetzen.

8.3 Machen Sie es dem Kunden einfach

Ein Bekannter hatte sich ein neues Auto gekauft. Knapp ein Jahr später bekam er von seinem Autohaus die Benachrichtigung, dass die Jahresinspektion fällig sei. Er möge doch anrufen und einen Termin vereinbaren. Gesagt, getan – allerdings konnte er das Autohaus erst beim vierten oder fünften Versuch erreichen. Eine gestresste Stimme bot ihm einen Termin mehr als zwei Monate später an. Das fand er ungewöhnlich, doch sollte es ihm egal sein, er hatte es ja nicht eilig. Einen Tag vor dem Termin erhielt es abends einen Anruf, dass der Termin verschoben werden müsse, weil gerade so viel zu tun sei. Mein Bekannter brachte zum Ausdruck, dass er sich wundere, erst zehn Wochen auf einen profanen Inspektionstermin warten zu müssen, um nun derart kurzfristig eine Absage zu kassieren. Er sagte dann noch, dass er zurückrufen müsse, da er gerade im Auto sitze und nicht in seinen Terminkalender schauen könne. Am nächsten Tag rief er mehrfach vergeblich beim Autohaus an – wieder ging keiner ans Telefon. Kurz entschlossen meldete er sich daraufhin bei einer anderen Fachwerkstatt, wo er innerhalb einer Woche einen Termin bekam. Zu dieser Werkstatt geht er auch heute noch, wenn wieder eine Inspektion ansteht oder etwas anderes mit dem Wagen ist. Die jährlichen E-Mails seines ursprünglichen Autohauses ignoriert er seitdem.

Ein anderer Fall: *Ich selbst hatte an einem Sonntag zufällig einen schicken Wintermantel in einem Schaufenster gesehen, der mir sehr gefiel, und dachte mir, dass ich den Mantel gern einmal anprobieren würde. Also merkte ich mir die Öffnungszeiten des Geschäfts, um bei nächster Gelegenheit einmal reinzuschauen. Schon eine Woche später war es so weit. Das Geschäft sollte samstags um 11 Uhr öffnen. Da ich noch einige Pläne für den Tag hatte, wollte ich frühzeitig bei dem Einzelhändler sein. Ich ging zum Geschäft und stand vor geschlossenen Türen. Ein Blick auf die Uhr sagte mir, dass es bereits 11.15 Uhr war. Da hatte wohl jemand Verspätung. Ich hätte natürlich warten können, entschied mich dann jedoch dafür, meine Erledigungen ohne Mantelkauf fortzusetzen.*

Fälle wie diese gibt es millionenfach. Das heißt, unzählige Käufe oder Aufträge kommen gar nicht zustande oder bei einem anderen Anbieter als zunächst vorgesehen. Und dabei handelt es sich noch um sehr simple Fälle. In der Praxis der meisten Selbstständigen können noch weit mehr Situationen die Kunden von der Auftragsvergabe abhalten – oder zumindest von einer zweiten. In vielen Fällen werden es die Unternehmer selbst gar nicht erfahren, warum ein Kunde eben nicht zu ihnen gekommen, sondern zur Konkurrenz gegangen ist.

Unternehmer investieren in der Regel viel Zeit, Energie und auch Geld in die Kundengewinnung. Da wäre es nur konsequent, eine sehr einfache, zugleich kostenlose und überaus Erfolg versprechende Regel zu befolgen: Bauen Sie keine zusätzlichen Hürden auf, die den Kunden an der Auftragsvergabe hindern könnten. Mit anderen Worten: Machen Sie es Ihrem Kunden so einfach wie möglich. Auch hier hilft ein Perspektivenwechsel. Viele Anbieter können sich gar nicht vorstellen, was Ihre potenziellen Kunden als kompliziert und störend empfinden. Klar ist jedoch, wenn Ihren Kunden etwas als Hürde erscheint, ist das für Sie geschäftsschädigend. Diese Hürden können durchaus vermeintliche Kleinigkeiten sein, wie bei der Sache mit dem missglückten Mantelkauf. Tatsächlich sind die Kunden im B2B-Geschäft oft noch etwas empfindlicher als im Privatkundengeschäft. Denn ein gemütlicher Schaufensterbummel ist noch mal etwas anderes als eine professionelle Geschäftsabwicklung in hektischer Betriebsamkeit. Ein nicht erfolgter oder zu später Rückruf, nicht eingehaltene Termine und andere Nachlässigkeiten können eine Geschäftsbeziehung sehr strapazieren.

Niemand mag einem Anbieter hinterherlaufen. Kunden mögen es bequem, sie lieben Effizienz und unkomplizierte Abläufe. Richten Sie sich darauf ein. Denn wenn Sie für Ihre Kunden Hürden aus dem Weg räumen und die Auftragsvergabe und -durchführung unkompliziert gestalten, sind Sie für Ihre Kunden kaum zu ersetzen.

Wie Sie es Ihrem Kunden einfach machen

- Optimal ist es, wenn Ihr Kunde einen festen Ansprechpartner hat. Achten Sie darauf, dass Vertreter des Ansprechpartners auf dem Laufenden sind und sich auch mit den Besonderheiten des Kunden auskennen.
- Achten Sie in der gesamten schriftlichen und mündlichen Kommunikation auf Verständlichkeit und formulieren Sie möglichst prägnant.
- Vermeiden Sie insbesondere in Angeboten und Rechnungen Unklarheiten und jede Intransparenz.
- Zeigen Sie sich flexibel, wenn es darum geht, auf die Bedürfnisse Ihres Kunden einzugehen.
- Geben Sie Informationen, die für den Kunden relevant sind (beispielsweise Terminverschiebungen), schnellstmöglich weiter.
- Achten Sie bei Ihrer Außendarstellung (beispielsweise auf Ihrer Website) darauf, dass daraus klar hervorgeht, was Sie machen und was nicht, da viele Kunden gleich auf eine Anfrage verzichten, wenn für sie nicht eindeutig erkennbar ist, dass sie mit ihrem Anliegen bei Ihnen richtig sind.
- Eine gute telefonische Erreichbarkeit und feste Bürozeiten sind auch heute noch in vielen Branchen ein Muss für eine unkomplizierte Zusammenarbeit.
- Ein verbindliches Auftreten und klare Aussagen sind für jeden Auftraggeber eine Erleichterung, beides zeugt von Zuverlässigkeit und Professionalität.

Für alle Selbstständigen ist es eine wichtige, jedoch oft vernachlässigte Aufgabe, es dem Kunden so einfach wie möglich zu machen. Jedem Kunden ist an einer unkomplizierten Abwicklung gelegen und jeder Kunde weiß es zu schätzen, wenn ein Anbieter dieses Bedürfnis zu erfüllen weiß. Gerade im Dienstleistungsgeschäft gilt, dass Anbieter, die es schaffen, besonders einfach und unkompliziert die Probleme des Kunden zu lösen, besonders viele Empfehlungen erhalten und mehr Aufträge von passenden Kunden erhalten.

9.

Die Quelle Ihres Einkommens: der Kunde

In den vorangegangenen Kapiteln ging es primär um Aufträge, Verhandlungen, Preise, Positionierung, Kalkulation, Einkommen … Doch bei all dem geht es letztlich immer um eines: um Ihre Kunden. Denn ohne Kunden gibt es keine Unternehmung; und es sind allein die Kunden, aus denen sich Ihre Gewinne und Ihr ganz persönliches Einkommen speisen. – Wenn Sie sich dessen stets bewusst sind, wird es Ihnen nicht schwerfallen, Ihr ganzes Augenmerk auf Ihre Kunden, die Kundenkontakte und die Kundenbeziehungen zu richten.

9.1 Gute Beziehungen aufbauen und pflegen

Die Quelle Ihres Einkommens sollten Sie sorgsam hegen und pflegen. Dazu gehört zuallererst, dass Sie hervorragende Arbeit abliefern, ein kompetenter Ansprechpartner für Ihre Kunden sind und faire Preise aufrufen. Doch das sind nur einige Aspekte, die für Ihre Kunden wichtig sind. Genauso wichtig sind Faktoren, die sich auf der Beziehungsebene abspielen.

Neben guter Qualität und einem angemessenen Preis-Leistungs-Verhältnis wollen Kunden auch

- die volle Aufmerksamkeit und echtes Interesse für ihre Bedürfnisse;
- verstanden und wertgeschätzt sowie als Individuum wahrgenommen werden;
- einen glaubwürdigen, zuverlässigen und loyalen Anbieter, dem sie vertrauen können;
- eine verbindliche und persönliche Beziehung zu ihrem Anbieter.

Die Qualität Ihrer Kundenbeziehungen ist für den unternehmerischen Erfolg daher von immenser Bedeutung. Selbstständige und Freiberufler, die diesen zwischenmenschlichen Teil des Geschäfts vernachlässigen, werden ihre Kunden letztlich nicht vollends zufriedenstellen können. Und Kunden, die nicht rundum zufrieden sind, werden sich früher oder später nach einem anderen Anbieter umsehen.

Entscheidend für eine gute Kundenbeziehung ist, dass Sie Ihren Kunden unvoreingenommen, mit echtem Interesse, persönlicher Wertschätzung und Einfühlungsvermögen begegnen. Wenn Kunden merken, dass Sie ihnen wirklich aufgeschlossen begegnen und tatsächlich interessiert sind an ihren Bedürfnissen und Wünschen, dann fällt es ihnen leichter, Vertrauen zu fassen. Denn sie haben nicht das Gefühl, dass Sie ihnen nur irgendetwas verkaufen wollen oder dass sie nur eine x-beliebige Kundennummer für Sie sind. Die Kunden erleben, dass Sie sich individuell auf sie einlassen, sich in ihre Lage hineinversetzen können und ihr Anliegen verstehen. Das ist ein idealer Ausgangspunkt für eine stabile Beziehung.

Tipp

Merken Sie sich den Namen Ihres Kunden! Das klingt trivial und es scheint überflüssig zu sein, das zu erwähnen. Doch die Erfahrung zeigt, dass sich längst nicht alle Geschäftsleute diese Selbstverständlichkeit zu Herzen nehmen. Deshalb: Merken Sie sich den Namen Ihres Kunden und fragen Sie nach, wenn Sie ihn zum Beispiel am Telefon nicht richtig verstanden haben, damit Sie ihn bei den nächsten Kontakten direkt mit seinem Namen ansprechen können.

Und wenn Sie nicht genau wissen, wie beispielsweise ein französischer Name korrekt ausgesprochen wird, fragen Sie die Person beim ersten Gespräch einfach danach. Sie wird Ihnen gern darauf antworten. Glauben Sie mir.

Im Verlauf der Beziehung kommt es dann darauf an, dass Sie sich als glaubwürdiger, zuverlässiger und loyaler Partner bewähren, sodass sich eine vertrauensvolle und verbindliche Beziehung entwickeln und verfestigen kann. Dazu tragen folgende Faktoren bei:

Verbindlichkeit und Integrität: Für Kunden ist es wichtig, sich darauf verlassen zu können, dass das, was Sie sagen, stimmt und Bestand hat, dass Sie Zusagen einhalten und dass Ihren Worten Taten folgen. Nur so kann Vertrauen entstehen. Und dabei geht es sowohl um große wie auch um kleinere Angelegenheiten: Ein Unternehmer, der heute seinem Kunden sagt, er schicke Ihnen spätestens bis morgen Abend ein Angebot per E-Mail, und dann drei Tage nichts von sich hören lässt, macht nicht den Eindruck, als wäre ihm an Verbindlichkeit viel gelegen. Wie soll ein Kunde da Vertrauen entwickeln? Oder ein Unternehmer, der seinem Unternehmen zwar groß auf die Fahnen schreibt, familienfreundlich zu sein, dann aber Kunden, die mit ihren Kindern ins Geschäft kommen, naserümpfend begegnet. Wie viel wird ein Kunde angesichts dieses Widerspruchs auf dessen Aussagen über Produkte, Qualität, Leistung, Service et cetera geben? Vermutlich nicht sehr viel. Denn wer es mit den eigenen (vermeintlichen) Überzeugungen nicht so eng sieht und diese nur gelten lässt, wenn es gerade passt, macht keinen besonders integren, zuverlässigen und vertrauenswürdigen Eindruck.

Verantwortungsbereitschaft: Wenn Sie als Unternehmer für Ihre Aussagen, Entscheidungen, Handlungen und auch für Ihre eigenen Fehler die Verantwortung übernehmen, entstehen eine starke Verbindlichkeit und große Glaubwürdigkeit. Denn Ihre Kunden können erleben, dass Sie es ernst meinen mit dem, was Sie sagen und tun, und für die Konsequenzen einstehen. Das stärkt das Vertrauen in Sie. Ihre Kunden verlassen sich dann auf Ihre Aussagen, beispielsweise zu einem Liefertermin, weil sie sich sicher sein können, dass Sie im Zweifelsfall dafür einstehen und sich um die Folgen kümmern, falls Schwierigkeiten auftreten.

Loyalität und Diskretion: Vor allem im B2B-Bereich kommen Geschäfte manchmal überhaupt nur zustande, weil alle Beteiligten sich darauf verlassen können, dass Vertrauliches vertraulich bleibt und dass niemand sein Wissen missbraucht. Hier beweist sich eine vertrauensvolle Beziehung auf besondere Art. Denn nicht selten steht in einer solchen Konstellation einiges auf dem Spiel, wie zum Beispiel Betriebsinterna oder Betriebsgeheimnisse, exklusives Wissen, neu entwickelte Produkte oder innovative Verfahren. Die entsprechenden Informationen ließen sich von den Mitwissenden leicht zum eigenen Vorteil (beziehungsweise zum Nachteil des betreffenden Kunden) nutzen, doch die Loyalität gegenüber dem Kunden sorgt für die Einhaltung der gebotenen Diskretion. – Loyalität und Diskretion zeigen sich allerdings auch in alltäglicheren Dingen: Der Grafiker, der den Kunden in einem persönlichen Telefonat auf einen inhaltlichen Fauxpas in seiner Broschüre hinweist, obwohl er nur für deren Layout zuständig ist, oder ein Zulieferer, der sofort auf eine fälschlich an ihn verschickte E-Mail hinweist und deren Anhang unbesehen löscht – auch diese Unternehmer beweisen, dass sie gegenüber ihren Kunden loyal und diskret sind.

Glaubwürdigkeit: Ihre Glaubwürdigkeit ist ein zentraler Stützpfeiler für eine gute und tragfähige Beziehung zu Ihren Kunden. Sie beschreibt die Verlässlichkeit und Vertrauenswürdigkeit eines Menschen aus der Perspektive des Gegenübers. Ihre Kunden beurteilen Ihre Glaubwürdigkeit unter anderem anhand ihrer Erfahrungswerte und fragen sich zum Beispiel: Hat dieser Anbieter mir stets die Wahrheit gesagt oder hat er schon einmal versucht, diese zu verschleiern oder zu verschweigen? Hält er seine Zusagen und Versprechen ein? Weiß er, wovon er spricht? Gibt er zu, wenn er etwas nicht weiß? Wenn solche Erfahrungswerte fehlen, blicken sie jedoch vor allem auch auf Ihr Kommunikationsverhalten. Denn hier finden sich häufig viele Hinweise für die Beurteilung der Glaubwürdigkeit.

Was Sie glaubwürdig macht – und was nicht

Eine inhaltlich und sprachlich korrekte Ausdrucksweise wirkt kompetent und informiert und weckt Vertrauen.

Verständlich zu kommunizieren, ist eine absolute Notwendigkeit. Denn nur ein Kunde, der Sie versteht, wird Ihnen glauben.

Wenn Ihre verbale und nonverbale Kommunikation miteinander im Einklang stehen, vermeiden Sie Widersprüchlichkeiten und Missverständnisse, die Misstrauen erzeugen können. Wer jedoch beispielsweise mit Worten zusichert, er hätte jetzt Zeit für seinen Kunden, und dann im Gespräch ständig auf die Uhr schaut, agiert widersprüchlich.

Ihre Aussagen und Argumente dürfen einander nicht widersprechen. Das gilt auch für Ihr Geschwätz von gestern.

Übertreibungen oder Verharmlosungen führen meist direkt zu einem Glaubwürdigkeitsverlust.

Floskeln und 08/15-Schlagwörter schmälern Ihre Glaubwürdigkeit. Sie klingen nicht aufrichtig, sondern einstudiert oder desinteressiert.

Überzeugende Argumente und Beweise stärken Ihre Glaubwürdigkeit, im Gegensatz zu bloßen Behauptungen oder zu Argumenten, die an den Bedürfnissen des Kunden vorbeizielen.

Wer viele seiner Aussagen relativiert (»Ja, aber ...«, »eigentlich«, »irgendwie«), erweckt schnell den Eindruck, als würde er sich stets ein kleines Hintertürchen offenlassen und als hätten seine Aussagen im Zweifelsfall nicht lange Bestand.

Wer versucht, seinen Gesprächspartner zu manipulieren oder mit unfairen Mitteln argumentativ in die Enge zu treiben, verliert seine Glaubwürdigkeit.

Wer ständig beteuert, glaubwürdig zu sein, sät damit meist nur Misstrauen und Zweifel an der Vertrauenswürdigkeit seiner Aussagen.

Geradlinigkeit und Authentizität: Es ist eine wahre Wohltat für eine Geschäftsbeziehung, wenn sie sich in einer Atmosphäre der Offenheit und Aufrichtigkeit entwickeln kann. Eine solche Atmosphäre entsteht, wenn Sie authentisch und ehrlich agieren, nicht versteckt taktieren, einander unvoreingenommen begegnen, sich gegenseitig respektieren, wertschätzen und ernst nehmen und am Ende konsequent handeln. Alle Beteiligten wissen dann, woran sie sind und was sie erwarten können. So lassen sich Enttäuschungen, falsche Erwartungen und Missverständnisse vermeiden und die Beziehung kann unter optimalen Bedingungen wachsen.

Tipp

Authentizität macht Ihnen das Leben leichter! Nicht wenige Unternehmer vermeiden es lieber, sich gegenüber Kunden authentisch zu verhalten. Sie fürchten, zu viel von sich persönlich preiszugeben, oder glauben, sich in ihrem Verhalten den Erwartungen ihrer Kunden anpassen zu müssen. Das kann sehr anstrengend sein für einen Unternehmer, weil er sich oft verstellen und sich auch noch jeweils merken muss, wie er bei welchem Kunden aufgetreten ist.

Viel einfacher ist es, so zu sein, wie man ist. Dann braucht man keine Rollen einzustudieren und je nach Kunde zwischen den Rollen hin- und herzuspringen. Man kann einfach so sein, wie man ist.

Und ich habe es schon mehr als einmal erlebt, dass Kunden, deren Erwartungen an die Person eines Unternehmers sich nicht einlösten, eher erfreut waren darüber, dass sie mit etwas erfrischend Unerwartetem überrascht wurden.

All diese genannten Faktoren tragen in höchstem Maße dazu bei, dass Sie eine gute und stabile Beziehung zu Ihren Kunden aufbauen und etablieren können. Denn so rücken Sie Ihre Kunden wirklich in den Fokus Ihres unternehmerischen Handelns und befriedigen auch das Bedürfnis der Kunden nach einer verbindlichen und vertrauenswürdigen Beziehung.

Es sind allein die Kunden, aus denen sich Ihre Gewinne und Ihr ganz persönliches Einkommen speisen.

9.2 Jeder Kunde eine Chance

Ihre Kunden und die Kundenbeziehungen stehen allerdings nicht nur im Fokus, wenn es beispielsweise um die Auftragsabwicklung und das Kundengespräch geht, sondern letztlich bei jeder Art von Kundenkontakt. Denn hier bieten sich zahlreiche Gelegenheiten, um als Unternehmer und als Unternehmen positiv in Erscheinung zu treten und die Beziehung zum Kunden zu stärken.

Jeder Kundenkontakt bietet die Chance, einen guten Eindruck zu hinterlassen

Um im Kundenkontakt auch jenseits von Auftragsabwicklung, Verhandlung, Verkaufsgespräch et cetera einen guten Eindruck zu hinterlassen, braucht es oft gar keinen besonders großen Aufwand. In vielen Fällen reicht es schon aus, einfach nur freundlich, interessiert und kundenorientiert zu agieren.

Eine der wichtigsten Gelegenheiten, den Kundenkontakt für einen besonders positiven Eindruck zu nutzen, ist der Umgang mit Reklamationen oder Beschwerden. Wertschätzung, eine konsequente Kundenorientierung sowie eine professionelle und unkomplizierte Abwicklung sind hier entscheidend, um den negativen Eindruck, der durch den Grund für die Beschwerde beziehungsweise Reklamation entstanden ist, zu revidieren. Im besten Falle können Sie Ihre Kunden mit einem exzellenten Beschwerde- oder Reklamationsmanagement sogar begeistern.

Freundlichkeit und Kulanz wiegen manchmal schwerer als eine verspätete Lieferung

Vor einer Urlaubsreise hatte ich mir online einen neuen Reisekoffer bestellt, weil mein alter langsam aus dem Leim zu gehen drohte. Ich bestellte etwas mehr als zwei Wochen vor meiner Abreise und als spätester Liefertermin wurde mir ein Termin genannt, der fünf Tage vor meinem Abflug lag. Also alles gut. Als dieser Termin jedoch verstrich, ohne dass mein Koffer angekommen war, ärgerte ich mich sehr über die falsche Terminzusage und sah die Lieferung schon während meines Urlaubs ankommen. Das wäre einerseits zu spät, andererseits könnte es dann knapp werden mit der vierzehntägigen Frist für die Rücksendung.

Ich fragte per E-Mail beim Onlinehändler nach meiner Lieferung, der mir allerdings nur bestätigen konnte, dass meine Bestellung versandt worden war, und bedauern musste, dass eine Stornierung jetzt nicht mehr möglich sei. Einen Satz später sagte er mir jedoch (ohne dass ich danach gefragt hatte!), dass bei Bedarf selbstverständlich die Frist für die mögliche Rücksendung des Artikels so weit verlängert werde, bis ich wieder aus dem Urlaub zurück sei. Ich wurde nur gebeten, vor meinem Urlaubsantritt per Mail kurz Bescheid zu sagen, ob die Sendung inzwischen angekommen sei oder nicht.

Mein Ärger war sofort verflogen, obwohl der ursprüngliche Anlass ja nicht aus der Welt geschafft war. Dennoch war ich versöhnt.

Der Koffer kam dann tatsächlich erst während meines Urlaubs an, sodass ich noch mit meinem alten Gepäckstück in den Urlaub fuhr. Das hielt die Reise aber trotz Altersschwäche noch gut durch. Den neuen Koffer schickte ich schließlich auch nicht zurück, sondern verreise seitdem mit ihm.

Es muss jedoch gar nicht immer gleich ein großes Beschwerdemanagement sein, manchmal sind es auch Kleinigkeiten, die beim Kunden großen Eindruck machen können. Dem Kunden zum Beispiel nach einem Termin einen Regenschirm mitgeben, weil es plötzlich angefangen hat zu regnen; oder um einen kundenseitigen kleinen Fehler nicht viel Aufhebens machen;

oder einen eigenen Fehler unumwunden zugeben und sich für den Hinweis darauf aufrichtig bedanken – das alles kostet Sie praktisch nichts und hat doch große Wirkung, insbesondere auf der Beziehungsebene. Ähnliche und sogar noch weitergehende Wirkung kann die Kommunikation in sozialen Medien haben: Kunden nutzen immer häufiger soziale Medien, um mit Unternehmen zu kommunizieren. Sie richten beispielsweise direkte Fragen an die entsprechenden Accounts oder kommentieren deren Beiträge. Für Sie als Unternehmer sind das ideale Möglichkeiten, um den Kunden mit hilfreichen Antworten und Reaktionen einen echten Nutzen zu liefern und damit einen guten Eindruck zu hinterlassen. Dieser gute Eindruck zieht dann im besten Fall sogar weitere Kreise innerhalb des sozialen Netzwerkes.

Ab und zu kommt es auch vor, dass Kunden um einen kleinen – und in der Regel unentgeltlichen – Gefallen bitten. Sei es, dass ein Kunde Sie noch einmal um die Kontaktdaten eines bestimmten Dienstleisters bittet, dass ein Besprechungstermin kurzfristig geändert werden muss, dass er nach einem Praktikumsplatz für sein Schulkind fragt oder dass er um die erneute Zusendung einer versehentlich gelöschten Datei bittet. – Wenn so ein Gefallen tatsächlich ohne großen Aufwand zu erledigen ist, sind das alles gute Gelegenheiten, um sich mit dieser kleinen Gefälligkeit gegenüber dem Kunden positiv hervorzutun. Sie können genau genommen sogar dankbar sein, dass sich diese Gelegenheiten ganz von selbst ergeben und Ihr Kunde bereits so viel Vertrauen in Sie hat, sich mit seinem Anliegen an Sie zu wenden. – Selbstverständlich nur, wenn sich der Umfang und die Häufigkeit der Gefälligkeiten im Rahmen halten. Sie sollen sich natürlich nicht ausnutzen lassen!

Auch zufällige Begegnungen mit Ihren Kunden eröffnen Ihnen die Chance auf einen positiven Kundenkontakt. Denn manchmal kommt es eben vor, dass man Kunden auch in anderen Kontexten begegnet, beispielsweise auf

Kongressen, Messen oder auch einfach nur auf einem Konzert, das man privat besucht. Auch das ist eine Art von Kundenkontakt, wenn auch unbeabsichtigt. Ein freundlicher Gruß ist das Mindeste, was in einer solchen Situation angebracht ist. Wenn sich darüber hinaus noch die Gelegenheit für einen kleinen Small Talk ergibt, umso besser. – Und für das nächste Kundengespräch haben Sie gleich einen perfekten Aufhänger für die Gesprächseröffnung.

Auch beiläufige Begegnungen und scheinbar unbedeutende Anlässe wie diese bieten Ihnen wertvolle Chancen, um den Kontakt zu Ihren Kunden besonders verbindlich und vertrauensvoll zu gestalten und um unter Beweis zu stellen, dass der Kunde Ihnen wichtig ist und Sie ihn nicht als gesichtsloses, austauschbares Wesen betrachten. Darüber hinaus können die positiven Auswirkungen auch noch weiter reichen: Der besonders gute Eindruck, den Sie hinterlassen, kann Kunden dazu animieren, Sie weiterzuempfehlen und im Freundes- oder Kollegenkreis von ihren guten Erfahrungen zu berichten. Und in sozialen Netzwerken werden wertvolle Kommentare oder Antworten gern geteilt und weiterverbreitet, sodass auch andere Nutzer auf Sie aufmerksam werden und Ihr Unternehmen so auf eine besonders positive Weise kennenlernen. Kleine Gefälligkeiten, die Sie gewähren, führen manchmal dazu, dass Kunden Ihnen bei einer anderen Gelegenheit ein Stück entgegenkommen oder ihrerseits gern eine kleine Gefälligkeit leisten, wenn Sie darum bitten. – Es spricht also alles dafür, auch solche vermeintlich belanglosen Gelegenheiten nicht ungenutzt verstreichen zu lassen. Und das gilt für langjährige Kunden wie für Neukunden, für Kunden mit großen Aufträgen wie für diejenigen, die mit einem kleinen Auftragsvolumen zu Ihnen kommen. Denn jeder Kunde ist wichtig und bietet Ihnen als Freiberufler oder Selbstständigem wertvolle unternehmerische Chancen.

Jeder Kunde ist ein wichtiger Kunde

Ich muss zugeben, manchmal erscheinen mir Kunden, die mit großen Aufträgen kommen und eine langfristige Zusammenarbeit planen, auch etwas wichtiger als Kunden, die nur einmalige oder kleinere Aufträge zu vergeben haben. Das ist allerdings ein gefährlicher Trugschluss und das weiß ich in Wirklichkeit auch. Dennoch muss ich mir das hin und wieder selbst ins Bewusstsein zurückrufen, denn große, langfristige Aufträge sind einfach sehr attraktiv und verlockend. – Doch alle Kunden und alle Aufträge, egal, wie groß oder klein, sind wichtig und enthalten teils große Potenziale für ein Unternehmen. Dementsprechend achte ich selbst ganz bewusst darauf, alle meine Kunden als gleich wichtig zu betrachten.

Auch vermeintlich kleine Kunden können erstens sehr lukrativ sein – Kleinvieh macht eben auch Mist, wenn Aufwand und Bezahlung in einem guten Verhältnis stehen – und sie können zweitens über den konkreten Auftrag hinaus etliche Chancen eröffnen. So ist es beispielsweise gar nicht unüblich, dass Kunden kleinere Aufträge als Testballon einsetzen, um mit möglichst geringem Risiko einen neuen Auftragnehmer auszuprobieren. Wenn die Testballons die gewünschten Ergebnisse liefern, gibt es dann nicht selten größere Aufträge und auch eine langfristige Perspektive für die Zusammenarbeit. Diesen Kunden geht es bei den Testläufen nun nicht nur um die fachliche Erledigung des Auftrags, sondern auch darum, wie die Zusammenarbeit klappt, ob sich eine gute Beziehung entwickeln kann und ob eine umfangreiche und/oder langfristige Zusammenarbeit erstrebenswert ist.

Darüber hinaus kann es natürlich auch passieren, dass das Unternehmen eines Kunden mit der Zeit wächst und sich im Zuge dessen auch die Aufträge vergrößern. Wer sich dann bereits als hervorragender Anbieter bewährt hat, hat sicherlich gute Chancen, vom Wachstum des Kunden zu profitieren. Oder Ihre Kontaktperson beim Kunden wechselt zu einem neuen

Arbeitgeber und nimmt Sie als Anbieter mit. Auch dadurch können sich ganz neue Auftragspotenziale eröffnen, zumal Sie im besten Fall dadurch sogar einen zusätzlichen Kunden gewonnen haben, wenn auch der alte Arbeitgeber Ihr Kunde bleibt.

Tipp

Nicht nur jeder Kunde ist eine Chance, sondern genau genommen auch (fast) jeder Exkunde. Oft wäre eine Kundenrückgewinnung sogar deutlich einfacher und günstiger als eine Neukundengewinnung, schließlich kennt man sich schon, sodass die Hürden für die Akquise weniger hoch sind.

Dennoch wird die Kundenrückgewinnung von vielen Unternehmern vernachlässigt. Es ist oft einfach unangenehm, auf einen abgesprungenen Kunden wieder zuzugehen. Manche Unternehmer hindert auch ein falscher Stolz daran oder die Scheu, sich mit den Gründen für den Weggang des Kunden auseinanderzusetzen.

Diese Vorbehalte sollten Sie jedoch ablegen und stattdessen überlegen, bei welchen Exkunden sich ein Rückgewinnungsversuch lohnen könnte. Finden Sie dann heraus, welche Gründe zum Weggang führten. Daraus ergeben sich meist direkte Anknüpfungspunkte für die Rückgewinnung (Anpassung der Nutzenargumentation an veränderte Bedürfnisse des Kunden, Modifizieren Ihres Angebotes, Optimierung der Projektabwicklung et cetera).

Wichtig ist auch: Die Beschäftigung mit Ihren Exkunden und mit den Gründen für ihren Weggang hilft Ihnen dabei, zukünftiger Kundenabwanderung vorzubeugen.

Und vergessen Sie nicht, dass zufriedene Kunden immer auch potenzielle Empfehlungsgeber und Türöffner sind – egal, wie groß das Auftragsvolumen war. Gerade heutzutage, wo Netzwerke eine immer größere Rolle spielen, kann ein gelungener kleiner Auftrag auch dazu führen, dass Sie darüber Zugang zum Netzwerk des Kunden erhalten und so Ihr eigenes Netzwerk um wertvolle Kontakte erweitern können.

Diese wichtigen Potenziale, die auch kleinere oder einmalige Kunden bieten können, bedeuten nun nicht, dass Sie ihnen großzügig Zugeständnisse machen sollen. Es bedeutet jedoch, dass es wichtig ist, bei jedem Kunden gleich gute Leistung zu bringen, Aufträge stets professionell abzuwickeln und auf eine gute Kundenbeziehung zu achten.

Und selbst wenn ein Kunde letztlich keine dieser weiterführenden Möglichkeiten eröffnet, hat er es dennoch verdient, sehr gute Leistungen oder Produkte zu erhalten und bestens behandelt zu werden. Er ist kein schlechterer Kunde als andere. Denn auch er sorgt dafür, dass Sie ein paar Euros mehr auf dem Konto haben.

Nachwort: So kompliziert ist es gar nicht

Selbstständige, Freiberufler und Unternehmer leben im Spannungsfeld zwischen individuellen Freiheiten und Gestaltungsmöglichkeiten auf der einen Seite sowie Verpflichtungen und Unsicherheiten auf der anderen Seite. In der täglichen Dynamik fällt der Blick allerdings eher auf die weniger angenehme Seite. Manchmal ist die Belastung eben doch hoch und der Druck groß. Wenn die stressigen Phasen jedoch überstanden sind, wird meist wieder klarer, warum man den Weg der Selbstständigkeit gewählt hat.

Ein geradezu einzigartiger Vorteil der Selbstständigkeit ist es, dass Sie Ihre eigenen Ideen und Wünsche direkt in die Tat umsetzen können. Sie brauchen dafür nicht erst langwierig jemanden zu überzeugen, brauchen nicht um Genehmigungen zu bitten, sondern können Ihre Ziele selbstständig realisieren. Dabei zeigt sich immer wieder: Die erfolgreichsten Unternehmer sind in erster Linie ambitionierte Realisten, die nicht von vornherein Möglichkeiten ausschließen, sondern erst einmal alle Optionen in Betracht ziehen. Denn diese Herangehensweise macht Ideen und Wünsche realisierbar.

Wir haben es selbst in der Hand, die Richtung zu bestimmen und gezielt Kurs auf unsere eigenen Wünsche zu nehmen. Nichts – außer uns selbst – hindert uns daran, einen Wunsch Realität werden zu lassen. Deshalb beginnt der Weg zu den eigenen Zielen mit einer bewussten Entscheidung. Gemeint ist die klare Entscheidung, die Verantwortung für das eigene Handeln zu übernehmen und die Dinge selbst in die Hand zu nehmen. Denn solange wir uns von äußeren Bedingungen abhängig machen, gelingt es meist nicht, selbstbestimmt die nötigen Veränderungen einzuleiten und Verantwortung für das eigene Handeln zu übernehmen.

Selbstständige Unternehmer übernehmen die Verantwortung für das eigene Handeln und Nichthandeln. Das macht einen guten Teil des unternehmerischen Erfolges aus. Es sind weniger die äußeren Rahmenbedingungen, sondern vielmehr die persönlichen Voraussetzungen der Unternehmer selbst, die darüber entscheiden, wie sich ein Unternehmen entwickelt. In letzter Konsequenz entscheidet allein die Unternehmerpersönlichkeit darüber, ob ein Geschäft floriert oder nicht. Sie selbst stellen die Weichen, treffen die Entscheidungen und führen Ihr Unternehmen so, wie Sie es für richtig halten. Ob es nun um Kosten oder Preise geht, um Fragen des Marketings oder der Buchhaltung, um die eigene Motivation oder die Work-Life-Balance – ganz gleich, um welchen Aspekt Ihrer Arbeit es geht: Die Verantwortung für Ihr Handeln tragen Sie selbst und es gibt niemanden, der Ihnen die Verantwortung abnimmt. Diese Erkenntnis ist der Kern des unternehmerischen Erfolges.

Schon zu Anfang dieses Buches standen die Fragen: Was können, wollen und müssen Sie ändern? Und warum tun Sie es nicht? Sie haben es selbst in der Hand, haben dabei weit mehr Gestaltungsspielräume als abhängig Beschäftigte und können jederzeit selbst bestimmen, in welche Richtung Sie gehen wollen. Nutzen Sie Ihre Gestaltungsspielräume! Positive Veränderungen beginnen immer damit, die Probleme zu erkennen und die Verantwortung dafür selbst zu übernehmen – um anschließend zu handeln.

Nichts ist für Unternehmer riskanter, als sich insgeheim mit einer unbefriedigenden Situation abzufinden. Wo immer Sie also Verbesserungsbedarf sehen – gehen Sie in die Offensive, am besten sofort. Je eher Sie eingreifen, umso größer sind Ihre Erfolgsaussichten. Ein längeres Zögern führt nur dazu, dass sich eine ohnehin schon unbefriedigende Situation manifestiert und später als unangenehmer Normalzustand hingenommen wird. Ein Problem zu lösen, ist selten ein Ding der Unmöglichkeit, sondern ganz im Gegenteil meist weit einfacher, als zuvor befürchtet wurde. Und das gilt für alle Aufgaben eines selbstständigen Unternehmers: So kompliziert ist die erfolgreiche Unternehmensführung nicht. Wenn wir die anstehenden Aufgaben annehmen und entsprechend handeln, ist der größte Schritt bereits bewältigt.

Wer in der Lage ist, notwendige Aufgaben anzugehen und einer Lösung zuzuführen, anstatt darauf zu warten, dass andere es für einen tun, verfügt über die wichtigste aller unternehmerischen Fähigkeiten. Alles, was man sonst noch braucht, kann man lernen – mit welcher inneren Einstellung man ein Unternehmen führt, ist jedoch eine Frage der Entscheidung und der eigenen Persönlichkeit.

Nein, nicht jeder kann Unternehmer werden. Doch die meisten, die es nicht können, probieren es auch erst gar nicht oder verschwinden sehr schnell wieder vom Markt. Letztlich kommt es immer auf Sie selbst an. Natürlich stellt sich jedem Unternehmer eine ganze Reihe völlig unterschiedlicher Aufgaben, die teils schwierig sind oder bestimmtes Fachwissen erfordern. Und in jedem einzelnen Bereich steckt sicher noch Optimierungspotenzial. Insbesondere erfolgsorientierte Menschen überlegen beinahe unaufhörlich, was sie noch machen und wo sie noch etwas optimieren könnten, um voranzukommen. Das hat natürlich seine volle Berechtigung. Doch gehen Sie zwischendurch auch ruhig einmal den umgekehrten Weg und überlegen Sie, an welcher Stelle Sie vereinfachen können. Dafür braucht es erneut Entschlossenheit und Verantwortungsbereitschaft für das eigene Handeln. Entscheiden Sie selbst, was für Sie persönlich wichtig ist und was nicht.

Sie können nun einmal nicht auf allen Gebieten Spitzenleistungen bringen. Doch das brauchen Sie auch gar nicht. Setzen Sie sich Ihre ganz persönlichen Prioritäten und konzentrieren Sie sich auf das wirklich Wesentliche. Vermeiden Sie alle unnützen und überflüssigen Aktionen, die nur Zeit und Energie verbrauchen, Ihnen jedoch nichts einbringen. Konzentrieren Sie sich lieber auf das, was Sie wirklich erreichen wollen. Formulieren Sie Ihre Ziele in aller Klarheit, um sie konsequent zu verfolgen. So können Sie sich auf das tatsächlich Sinnvolle und Vernünftige fokussieren und sich zugleich von Ballast befreien.

Nahezu alles lässt sich problematisieren, wir können die Dinge jedoch auch mit etwas mehr Leichtigkeit angehen. Gehen Sie also nicht den schwierigsten Weg, wenn es auch einen einfachen gibt, und vertrauen Sie auf Ihre eigenen Fähigkeiten. Das macht Ihre Arbeit einfacher und steigert Ihren unternehmerischen Erfolg, die Freude an der Arbeit und Ihre persönliche Zufriedenheit.

Herzlich

Ihr

Stéphane Etrillard

Literaturverzeichnis

Bücher

Albrecht, Niels H. M. (2015): Der Ego-Macher. Selbst.Marketing.Strategie. BusinessVillage, Göttingen.

Baum, Thilo (2010): Mach Dein Ding! Der Weg zu Glück und Erfolg im Job. Eichborn, Frankfurt am Main.

Birkner, Monika (2013): Erfolgreich als Solounternehmer. Wachstumsstrategien für Selbstständige. Walhalla, Regensburg.

Borgert, Stephanie (2015): Die Irrtümer der Komplexität. Gabal, Offenbach.

Etrillard, Stéphane (2015): 16 Impulse für mehr Souveränität: Best of Stéphane Etrillard Jubiläums-Edition. Edition Forsbach, Fehmarn.

Etrillard, Stéphane (2015): Auftritt und Wirkung: Souverän überzeugen – im kleinen Kreis und vor großem Publikum. Junfermann, Paderborn.

Etrillard, Stéphane (2010): Charisma. Einfach besser ankommen. 55 Fragen und Antworten zum Mythos Charisma. Von grauen Mäusen und echten Persönlichkeiten. Junfermann, Paderborn.

Etrillard, Stéphane (2015): Coaching in Minutenschnelle: Wie Sie Ihre Lösungen selber finden. Edition Forsbach, Fehmarn.

Etrillard, Stéphane (2014): Fair zum Ziel: Strategien für souveräne und überzeugende Kommunikation. Junfermann, Paderborn.

Etrillard, Stéphane (2009): Gesprächsrhetorik. Souverän agieren – überzeugend argumentieren. BusinessVillage, Göttingen.

Etrillard, Stéphane (2014): Prinzip Souveränität – Als souveräne Persönlichkeit sicher entscheiden und handeln. Midas Management, Zürich.

Etrillard, Stéphane (2005): Selbst-PR für Verkäufer. Gabler, Wiesbaden.

Etrillard, Stéphane; Marx-Ruhland, Doris (2005): Erfolgreich führen durch gelungene Kommunikation: Die sieben Grundregeln für perfekte Gesprächsführung. BusinessVillage, Göttingen.

Etrillard, Stéphane (2016): Unternehmer-Souveränität: Leidenschaft, Klarheit, Orientierung. Midas Management, Zürich.

Fischer, Mike (2014): Erfolg hat, wer Regeln bricht. Linde, Wien.

Friedrich, Kerstin (2003): Erfolgreich durch Spezialisierung. Redline, München.

Förster, Anja; Kreuz, Peter (2007): Alles. Außer Gewöhnlich. Econ, Berlin.

Förster, Anja; Kreuz, Peter (2005): Different Thinking! Redline, München.

Förster, Anja; Kreuz, Peter (2015): Macht was ihr liebt! Pantheon, München.

Frank, Elke; Hübschen, Thorsten (2015): Out Of Office. Redline, München.

Gage, Randy (2013): Risky Is The New Safe. John Wiley, Hoboken.

Hüttl, Manuel (2005): Der gute Ruf als Erfolgsgröße. ESV, Berlin.

Institut für Arbeitsmarkt- und Berufsforschung (2015): IAB-Kurzbericht, 10/2015.

INVERTO-Studie (2015): Strategie und Positionierung der größten Handelsunternehmen. Köln.

Kolbusa, Matthias (2014): Gegen den Schwarm. Ariston, München.

Limbeck, Martin: Limbeck Laws (2016): Das Gesetzbuch des Erfolgs in Vertrieb und Verkauf. Gabal, Offenbach.

Löhken, Sylvia (2012): Leise Menschen – starke Wirkung. Gabal, Offenbach.

Maehrlein, Katharina (2012): Die Bambusstrategie. Gabal, Offenbach.

McGinnis, Alan Loy (2006): Aus Freude am Erfolg. Random House, München.

Merath, Stefan (2011): Die Kunst, seine Kunden zu lieben. Gabal, Offenbach.

Misar, Paul (2016): Einzigartig! Redline, München.

Multerer, Dominic (2013): Marken müssen bewusst Regeln brechen, um anders zu sein. Gabal, Offenbach.

Nill-Theobald, Christiane (2014): Endlich wieder Montag! Wiley, Weinheim.

Schäfer, Lars (2015): Vertrauen im Verkauf: In 5 Schritten zum glaubwürdigen Verkäufer. Gabal, Offenbach.

Schüller, Anne M. (2015): Das neue Empfehlungsmarketing. BusinessVillage, Göttingen.

Schandl, Gabriel J. (2014): Das Beste geben. Goldegg, Berlin.

Scherer, Hermann (2013): Schatzfinder. Campus, Frankfurt am Main.

Scherer, Hermann (2016): Fokus! Provokative Ideen für Menschen, die was erreichen wollen. Campus, Frankfurt am Main.

Schmaldienst, Peter H. (2003): Die Logik des Erfolgs. Hoffmann und Campe, Hamburg.

Schüller, Anne M. (2015): Das neue Empfehlungsmarketing. BusinessVillage, Göttingen.

Statistisches Bundesamt (2013): Selbstständigkeit in Deutschland. Wiesbaden.

Wittschier, Martin (2015): Wie es nicht geht, weißt du schon. Ariston, München.

Zeuch, Andreas (2010): Feel it! So viel Intuition verträgt Ihr Unternehmen. Wiley-VCG, Weinheim.

Weitere Quellen

Gesellschaftliches Engagement in kleinen und mittelständischen Unternehmen in Deutschland – aktueller Stand und zukünftige Entwicklung. Kurzauswertung. Studie im Auftrag der EU-Kommission, erstellt von der GILDE GmbH, 2007. www.csr-mittelstand.de/pdf/Studie_CSR_im_Mittelstand_010207.pdf (Abruf am 28.06.2016)

Mitteilung der Europäischen Kommission an das Europäische Parlament, den Rat, den Europäischen Wirtschaft- und Sozialausschuss und den Ausschuss der Regionen: Eine neue EU-Strategie (2011–14) für die soziale Verantwortung der Unternehmen (CSR). http://eur-lex.europa.eu/legal-content/DE/ALL/?uri=CELEX%3A52011DC0681 (Abruf am 01.07.2016)

Senatsverwaltung für Wirtschaft, Technologie und Forschung: Designwirtschaft. www.berlin.de/sen/wirtschaft/wirtschaft-und-technologie/branchen/ikt-medien-kreativwirtschaft/3-kreativwirtschaftsbericht/designwirtschaft/artikel.180721.php (Abruf am 13.07.2016)

Statistisches Bundesamt (2015): Jeder zweite Selbstständige in Vollzeit mit überlanger Arbeitszeit. Pressemitteilung Nr. 403 vom 03.11.2015. www.destatis.de/DE/PresseService/Presse/Pressemitteilungen/2015/11/PD15_403_13411.html (Abruf am 11.11.2016)

JETZT GRATIS LESEN!

MiniBooks sind informative und nutzbringende Gratis-Bücher. Überzeugen Sie sich selbst! Komprimiertes Know-how renommierter Experten – für das kleine Wissensupdate zwischendurch.

Übrigens: Die MiniBooks dürfen Sie weiter-geben und sogar selbst zum Download anbieten!

www.businessvillage.de/forfree

Motivier dich selbst.

Nicola Fritze
Motivier dich selbst. Sonst macht's keiner!
50 Impulse, um in Schwung zu kommen
1. Auflage 2016

208 Seiten; Broschur; 14,99 Euro
ISBN 978-3-86980-343-2; Art.-Nr.: 994

Unzufrieden im Job, zu wenig Bewegung, Frust oder Dauerstress? Dann verändere dein Leben! Du weißt, es muss sich was ändern. Nur wo fängst du an? Und wie?

Wenn du weiterhin auf den motivierenden Schubser von außen wartest, kannst du lange warten. »Motivier dich selbst. Sonst macht's keiner!« gibt dir fünfzig Impulse, wie du in kleinen Schritten Veränderungen anstößt und Schwung in dein Leben bringst.

Nicola Fritze, Deutschlands erfolgreiche Motivationsexpertin, zeigt dir, wie du das Steuer selbst in die Hand nimmst, Frustration abschüttelst, das ewige Aufschieben beendest und in deinem Leben durchstartest.

Mit diesem Buch richtest du deinen inneren Kompass neu aus und veränderst dein Denken, Wahrnehmen und Handeln. Du wirst innere Blockaden überwinden, dich von schlechten Angewohnheiten trennen, dein Selbstwertgefühl steigern und mit Gelassenheit und Freude der Mensch sein, der du sein willst.